BRASIL, ESPAÇO E TEMPO

Conselho Acadêmico
Ataliba Teixeira de Castilho
Carlos Eduardo Lins da Silva
Carlos Fico
Jaime Cordeiro
José Luiz Fiorin
Tania Regina de Luca

Proibida a reprodução total ou parcial em qualquer mídia
sem a autorização escrita da editora.
Os infratores estão sujeitos às penas da lei.

A Editora não é responsável pelo conteúdo deste livro.
O Autor conhece os fatos narrados, pelos quais é responsável,
assim como se responsabiliza pelos juízos emitidos.

Consulte nosso catálogo completo e últimos lançamentos em **www.editoracontexto.com.br**.

Ruy Moreira

BRASIL, ESPAÇO E TEMPO

Copyright © 2024 do Autor

Todos os direitos desta edição reservados à
Editora Contexto (Editora Pinsky Ltda.)

Capa e diagramação
Gustavo S. Vilas Boas

Preparação de textos
Lilian Aquino

Revisão
Daniela Marini Iwamoto

Dados Internacionais de Catalogação na Publicação (CIP)

Moreira, Ruy
   Brasil, espaço e tempo / Ruy Moreira. –
São Paulo : Contexto, 2024.
   192 p.

Bibliografia
ISBN 978-65-5541-472-1

1. Geografia física – Brasil 2. Sociedade – Brasil I. Título

24-1902   CDD 910.021

Angélica Ilacqua – Bibliotecária – CRB-8/7057

Índice para catálogo sistemático:
1. Geografia física – Brasil

2024

Editora Contexto
Diretor editorial: *Jaime Pinsky*

Rua Dr. José Elias, 520 – Alto da Lapa
05083-030 – São Paulo – SP
PABX: (11) 3832 5838
contato@editoracontexto.com.br
www.editoracontexto.com.br

*A penosa construção de nós mesmos se desenvolve
na dialética rarefeita entre o não ser e ser outro.*

Paulo Emilio Salles Gomes, em *Cinema: trajetória ao subdesenvolvimento*

SUMÁRIO

APRESENTAÇÃO 9

UM ESTRANHO PAÍS URBANO 13
    A cidade e a fazenda 14
    A cidade e o campo 24
    A cidade e o urbano 28

UMA TECELAGEM EM CAMADAS 31
    Do pau-brasil à cana-de-açúcar e ao gado 31
    O ouro 46
    Do café à soja 58

A COMBINAÇÃO DESIGUAL 71
    Os padrões e as formas do espaço 72
    A paulistânia e a pernambucânia 88
    O Estado e a unidade bifronte 104

A ÁRVORE E O TRONCO 115
    O pano e o trator 116
    A usina e a processadora 123
    Os esquemas de reprodução 131

A CIDADE E O URBANO 147
    A relação cidade-fazenda 149
    A questão cidade-campo. O protoespaço 157
    A cidade inacabada 164

BIBLIOGRAFIA 169

ANEXO 175

O AUTOR 191

APRESENTAÇÃO

O Brasil é o país dos grandes espaços. E dos contrastes de arranjo. Passado e presente copiosamente neles se ligam e se negam. Grandes unidades de natureza se assentam entre os alinhamentos de rios e interflúvios reordenados pelos alinhamentos de assentamento humano numa sobreposição uniforme e dissonante. Largas paisagens de horizontes infindos, tomadas pela minúscula pontualidade das fazendas, ilhas de policultura e cidades. Estas cada vez menos cidades de indústria e cada vez mais cidades do terciário e serviços. Grandes unidades de espaço segmentadas e redemarcadas por dentro pelo emaranhado mosaico dos pequenos e médios pedaços de recortamentos desenhados pelo acamamento entrecruzado dos ciclos de ocupação.

País das paleopaisagens. Das matas, dos cerrados, dos campos e das caatingas de ontem e de hoje que se interpenetram numa trama de coabitabilidade de fauna e flora, rios e solos, morros e baixadas, que, ao fim, não se sabe se é deste ou daquele tempo, deste ou daquele bioma, deixados na mistura por uma história territorializada da natureza que antecipa pinturas e pintores das paisagens do país. País também dos traços da geografia indígena e da geografia colonial que misturam o mesmo desenho agora como uma história territorializada do homem, coabitantes e contrastantes por suas propriedades de relação homem-terra, homem-natureza, em profusa combinação de antagonismos.

País de contrastes. Da cultura diversa do Norte e da cultura homogênea do Sul. Da densidade velha do litoral e da densidade nova do sertão, da cidade dos sem o urbano e do campo dos sem-terra, do latifúndio gigante e do minifúndio nanico, da monocultura da predação e da policultura da seguridade alimentar, do sebastianismo nordestino e do barroquismo mineiro, da acumulação e da pobreza, da mudança e da permanência.

Aspectos estrutural-estruturantes de organização de uma relação sociedade-espaço-natureza de que decorre a estrutura societária e de relação de sociabilidade que conforma e retém, num estado a um só tempo de estabilidade e ebulição, o curso de vida corrente das instituições políticas e da cultura.

Essa singularidade socioespacial complexa e contraditória de um país-enigma é o tema deste livro. Para tanto, dividido em cinco capítulos. O capítulo "Um estranho país urbano" é o painel da trajetória e das formas da cidade, voltado para mostrar uma formação social que já nasce um país de cidades ao mesmo tempo que de fazendas, numa releitura de uma sociedade estritamente agrária desde o começo. O capítulo "Uma tecelagem em camadas" é a descrição das relações entrecruzadas de espaço que estão na origem dessa peculiaridade estrutural de ser a um tempo citadina e a um tempo rural. O capítulo "A combinação desigual" é a análise dos cruzamentos conflitivos e contraditórios dessa estrutura, do modo como os pedaços de espaço se diferenciam e ao mesmo tempo se consorciam numa unidade de diversidade. O capítulo "A árvore e o tronco" é o retratamento dos elementos compósitos dessa peculiaridade estrutural determinada pela modalidade particular de suas formas de indústria. O capítulo "A cidade e o urbano" é a focagem da cidade como um dado estrutural tão seminal quanto a fazenda na formação da sociedade brasileira, seus vazios de arranjo urbano e seus problemas. Fecha esses capítulos o anexo "O agropoder, a grande indústria e o rentismo", um adendo que acrescenta elementos sobre a natureza da sociedade brasileira que o livro aflora nos temas que analisa, indicando a diversidade da bibliografia atinente ao leitor que queira ir além.

Trata-se de um livro que retoma e sistematiza, numa ótica lógico-estrutural, o conteúdo histórico-estrutural de *Sociedade e espaço geográfico no Brasil: constituição e problemas de relação*, publicado em 2011 por esta Contexto. O Brasil visto aqui num enfoque progressivo-regressivo, o recurso de método que junta os dois enfoques, que no primeiro livro ficou mais restrito à focalização da linha do tempo da análise histórico-estrutural. Numa lembrança dos estudos de Geografia Histórica, da qual o enfoque progressivo-regressivo é voz discordante. Livros que, sugere-se, sejam lidos combinadamente. O leitor pode, então, encontrar em um e em outro os dados que o convidam a fazer sua própria leitura do enigma Brasil.

Combinação que pode ser acrescida de outros três livros focados na reflexão sobre a forma geográfica do Brasil, e que o leitor encontra indicados na bibliografia: *Mudar para manter exatamente igual*, cujo conteúdo este *Brasil, espaço e tempo* retoma e sistematiza particularmente no capítulo "A árvore e o tronco", podendo o leitor nele analisar o tema com maior extensão e profundidade; *O movimento operário e a questão cidade-campo: classes urbanas e rurais na formação da geografia operária brasileira*, retomado, em particular no conceito de questão cidade-campo, no último capítulo, e formando uma espécie de prosseguimento deste *Brasil, espaço e tempo*, como se seus capítulos fossem os capítulos consecutivos do capítulo "A cidade inacabada e o urbano"; e *A formação espacial brasileira: contribuição crítica aos fundamentos espaciais da geografia do Brasil*, uma coletânea de textos que retomam, subsidiam, antecipam autocríticas e dão complemento aos cinco capítulos deste *Brasil, espaço e tempo*.

Resta a sugestão a uma olhada na própria bibliografia geral de referência, que certamente o leitor conhece e tem presente na sua estante pessoal, bem como a de ler estas páginas que seguem com um bom atlas geográfico e um bom atlas histórico do Brasil abertos à sua frente. Pois tem a propriedade de um mapa escrito. É um painel sobre o Brasil. Junto ao painel que o leitor tem de sua própria elaboração. E oxalá encontre aqui bons motivos para dedicar tempo para realizar sua própria análise reflexiva sobre este país belo e complicado que é o Brasil. E se o livro servir de motivo, terá cumprido sua missão.

Bom proveito. E boa leitura.

UM ESTRANHO PAÍS URBANO

A pequena trupe do circo Rolidei para diante da entrada da cidade. Do alto da cota mais alta que divisa a paisagem esparramada da cidade, a tempo vislumbra o mar de antenas de TV, a espinha de peixe que já de algum tempo transtorna e transforma a trupe em um circo mambembe. Tal como nas cidades de antes, há que dar a volta e seguir adiante, empurrada por esse motor regente da mobilidade espacial que, desde os anos 1950, cotidianiza o dia a dia da vida de pessoas no país que é a fantasia televisiva. E forja a problemática da continuidade da descontinuidade do urbano, do dizer de Lefebvre, e que se revela no belo *Bye-bye, Brasil*, o filme de Cacá Diegues, de 1979, num cotidiano circo-TV de permanente conflito (Lefebvre, 1999).

Bye-bye, Brasil expressa os efeitos de sociabilidade do fenômeno da cidadinização sem o urbano do conceito do direito à cidade de Lefebvre. De que a televisão, sua forma de representação viva, é o modo de cultura, dissolvendo no magma do vazio de realismo a relação societária e de sociabilidade do rural – naquilo de ruralidade que o Brasil por definição tenha –, talvez melhor dizer do rurbano, engendrando o novo sem a progressão da tradição do velho, de que o circo é um traço concreto de cultura por excelência (Ortiz, 1988).

Mais que um traço, a cultura de uma sociabilidade mambembe que do comércio mascateiro ao circo ambulante é um aspecto de conteúdo existencial, com o rurbano se manifestando no ordenamento móvel do espaço de um país novo.

A CIDADE E A FAZENDA

É uma propriedade do arranjo do espaço da formação social brasileira a dispersão do povoamento nos começos da nossa fundação, cidade e fazenda aí formando por isso mesmo um traço de unidade essencial. Variando no formato de um canto para o outro, de um ciclo de espaço-tempo para o outro. Numa particularidade de nossa história, fazenda e cidade nascem juntas, compondo, em seus sucessivos modos de entrelaçamento, um par essencial na dinâmica têmporo-espacial da formação social brasileira.

As fazendas de cana e engenho de açúcar dos núcleos costeiros, as fazendas de gado dos sertões – o nordestino, o central e o sulino –, por extensão as fazendas e sítios de policultura de autossubsistência e de mercado e de preação indígena do planalto paulista e os aldeamentos jesuíticos, são autarcias que se bastam, se isolam, ilhadas em um cotidiano interno e doméstico, em particular as mulheres, que só se quebra quando seus habitantes se intercomunicam na vida social das cidades. Cidades que por isso e para isso são criadas, produtos da busca de superação dos isolamentos recíprocos (Deffontaines, 1944; Azevedo, 1970). E é essa vida social, contraposta ao cotidiano de dispersão e isolamento das fazendas, que faz dessas cidades a forma mais comum de aglomerado urbano no espaço da Colônia.

São pequenos povoados de origem, criados ao sabor e ao redor de uma igreja, um pouco de comércio, um e outro edifício público. A igreja, sobretudo, fonte-matriz do convívio social, busca seu isolamento nas fazendas. Em geral, em um terreno fornecido pelo próprio fazendeiro, o patrimônio. Num ponto sobressalente do sítio conscientemente escolhido, ponto de referência do todo do arranjo, é erguida a igreja. De onde tudo se avista e de onde por todos é vista, material e espiritualmente. À sua frente, abre-se uma larga praça quadrangular ou retangular em cujas laterais erguem-se os palacetes dos fazendeiros, as lojas de comércio, os prédios da administração; ao fundo, de um lado o cemitério e de outro a sede da administração, o coreto à frente da igreja e do cemitério e, ao centro, a grande cruz, o cruzeiro, o conjunto dando o cunho religioso e cívico da cidade. Ao redor desse conjunto abrem-se o arruamento e demais casarios que marcam o crescimento do aglomerado, a caminho de tornar-se vila, e mais à frente em cidade formalmente reconhecida enquanto tal pela administração da Colônia ou pela Coroa, culminando a trajetória da trilogia na transformação do simples aglomerado em povoado, vila e cidade, nem sempre ocorrente.

O patrimônio é o ponto de partida. Trata-se de um pedaço da propriedade que o fazendeiro destaca, parte oferecendo ao seu padroeiro na forma da cessão à igreja e registro da cessão em nome do bispo, e parte dividindo em lotes que oferece à venda aos demais fazendeiros, num ato de convite para integrarem a nominata da fundação do povoado, embora batizado com o nome do santo de sua devoção. Um ato a um só tempo religioso e de mercado. Justificado no fato de o próprio fazendeiro custear as despesas do erguimento do povoado e seus estabelecimentos, de que a compra e a venda formam o fundo da fundação e das despesas de manutenção, estas passando para os compradores nos casos de arrendamento ou aforamento, participação com custeio pago regularmente à diocese. Daí a origem e fundação de grande parte dos povoados, vilas e cidades que se multiplicam ao longo da duração da Colônia e para além. Cidade e fazenda formando um par no qual a cidade nasce do isolamento da fazenda, e a fazenda, da sua autarcia, ao tempo que por meio da cidade alimenta a vida social de que precisa.

A unidade de povoamento vem, assim, desse arranjo casado de cidade e fazenda, numa relação que conecta a dispersão da diversidade das fazendas de uma grande área através da convergência à cidade e ao papel, a um só tempo, religioso e cívico, que ali assume a Igreja, de vez que é nos encontros na cidade para o ritual das cerimônias do culto que se acerta o calendário das festas religiosas e dos eventos cívicos da população – a Igreja respondendo pelos dois momentos. Fazendo-se, nos dias de festa, seja o registro e cerimônia de casamentos, não raro de casais tornados conhecidos nos dias de festas anteriores, seja o registro de nascimentos, batizados e óbitos, num amalgamento de papel religioso e administrativo de Estado. São dias por um ano aguardados de congraçamento e integração, aproveitados também para acertos políticos, ali onde houver Câmara, o órgão de representação política por excelência da Colônia, privilégio, todavia, das cidades mais desenvolvidas.

Incitada pelo próprio isolamento, a população se desloca de seus locais por vários meios para viver na cidade um tempo de convívio, que em regra dura toda uma semana. Para isso, os fazendeiros se precaviam da falta de acomodação com a construção de sobrados nas laterais da larga da igreja, aí aproveitando para resolver suas pendências e necessidades da fazenda com o comércio, os padres da igreja, a administração. Ao término, cada qual volta ao isolamento da fazenda, caindo na sua vida modorrenta corrente, só quebrada de quando em vez com a chegada do mascate, o comerciante ambulante, com suas malas de pequenas mercadorias de cotidiano e bens de luxo, em geral trazidos de fora da Colônia, transportadas a pé ou em lombo de burro.

É o comércio, por sinal, irregular, mas corrente, o centro de quebra e complemento das autarcias preenchidas nas festas pelo comércio da cidade, e no *intermezzo* pelo comércio mascateiro. Dos últimos a chegar quando da fundação, até quando então tudo se resume à presença da igreja, às vezes apenas uma paróquia, o comerciante logo ocupa um lugar visível nas laterais e esquinas da praça, com suas lojas prontas a atender às demandas de aprovisionamento da clientela, esporádicas no tempo entre festejos, intensas nos dias de festas, cumprindo e vivendo com a Igreja as pulsações da movimentação flutuante da cidade e respondendo como esta pela motivação dos momentos de pico. Expectativa que o mascate alimenta no período interfestas, com as mercadorias delicadas e preciosas que traz na mala e as notícias frescas das outras partes da Colônia e de fora nos seus relatos e impressos, que só por intermédio dele chegam seja à fazenda, seja à própria cidade.

Tal como num pêndulo, cidade e fazenda alternam assim suas fases de sociabilidade, a fazenda em sua reclusão corriqueira e os dias de festas da cidade; a cidade em seus dias de agitação e movimento e dias de esvaziamento e paralisia. Cidade e fazenda dividindo seus ânimos e dias, a fazenda por sua importância de centro econômico da Colônia e a cidade por sua importância social e político-administrativa. Momentos de sístole e diástole recíprocos e reflexivos. Exceto quando depois de povoado e vila, o aglomerado é jungido jurídica e administrativamente à condição de cidade, seus marcos simbólicos de reconhecimento da Coroa, seu prédio tríplice de prefeitura, vereança e cadeia da Câmara, esta posta num lugar visível e tão central quanto da igreja, na grande praça, próprio de um centro urbano mais encorpado.

A Câmara do Senado, ou simplesmente Câmara, sede por excelência do poder local, é o órgão de exercício da vida política da Colônia, que só se confere como atributo da cidade, a depender, também, da vila, enquanto centro privilegiado de um recorte de espaço de demarcação territorial jurídico-administrativamente definido e nestes termos designado município. Cidade, fazenda e Câmara reunidas num só corpo. Aí se assentam os órgãos reconhecidos como poder pela população local, instada pela presença do marco de reconhecimento simbólico e formal dado pelo Estado Colonial Português, a Coroa, o governador, seus prepostos. Aí incluída a Igreja, carne e unha do poder do Estado. Câmara e Igreja cumprindo seu papel, seja na cidade grande, a possuidora da institucionalidade cameral e municipal, e seja nas vilas, onde o poder religioso e cívico ficam praticamente reservados à paróquia e onde a Igreja toma o lugar e faz também papel de governo da Câmara. É na Câmara onde se reúnem os vereadores e juízes eleitos entre os proprietários, a que vão se somar mais adiante também os comerciantes, escolhidos por seus pares para representar o município e circundância, excluídos os demais habitantes da população urbana, comerciantes menores, engenheiros, clero menor, militares, tropas de soldados, artesãos, funcionários do Estado, homens livres de uma sociedade escravocrata, com o direito a sentar-se com os representantes da Coroa ao redor da decisão das demandas e dos problemas da administração local. Cabendo-lhe decidir sobre aspectos do arranjo urbano, pontes, calçadas, circulação, limpeza, civilidade, cobrança e uso de impostos, formatação orçamentária. Juntando funções a um só tempo de judiciário, legislativo e executivo em um mesmo prédio, em geral um sobrado onde em seus andares são reunidos o presídio da cidade, a sala de reunião da vereança e juízes de fora e de dentro, o escritório do administrador formal da cidade.

Nas áreas nucleares de *plantation* da cana e engenho, distribuídas de norte a sul pelo litoral, constituíram-se outras formas de cidade e relação cidade-fazenda, embora portem as mesmas características de arranjo urbano e cotidiano. Definidas como padrão único por ordenações manuelinas e filipinas, são cidades ligadas à circulação e defesa, a que aqui e ali se juntam na ocupação do território costeiro. Ligadas aos movimentos de defesa contra as incursões francesas, inglesas e holandesas no longo transcorrer dos séculos

XVI e XVII, são cidades também dos portos de entrada e escoamento do açúcar ao lado de postos de logística militar. A que se juntam os povoados, vilas e pequenas cidades que trazem a cana e o açúcar de lugares cada vez mais distantes do interior para os engenhos locais de moagem, em geral pontos de contato e transbordo de canaviais e engenhos e de organização do transporte do açúcar dos engenhos para os portos de exportação do litoral através dos rios. Assim se formando um quadro de cidades interioranas e litorâneas ligadas à geração e movimentação da economia do açúcar.

A ação de expulsão de ocupações ao longo da costa, sobretudo francesas, também funda com frequência simples pontos provisórios de comércio com os indígenas, à semelhança de como fazem os franceses, às vezes feitorias mais organizadas e permanentes, outras vezes pontos de passagem instalados para utilização vária na Colônia, o que deixa de quando em vez como efeito a instalação de povoados e fortalezas cercadas ou transformadas em povoados que, com o tempo, viram núcleos de ocupação fixa de atividade canavieira e de engenho, numa ação nem sempre concatenada de povoamento. Muitos são os lugares de feitorias pregressas do comércio português, agora mobilizados em caráter permanente nesse movimento. São povoados de instalações de início precárias, que vão ganhando com o tempo a estabilidade de uma arrumação estruturada e permanente de arranjo urbano. Varia, assim, os arranjos urbanos, precários e provisórios, segundo o caso, a exemplo das feitorias, pontos de defesa e aglomerados de transbordo, ou complexos e diversificados como as cidades-portos da exportação do açúcar com sua estrutura de grande e pequeno comércio, o casario assobradado da nobreza fundiária, o múltiplo de igrejas e instalações administrativas e da diversidade de ocupações da população livre e escrava.

De que são promissoras as antigas feitorias, ou fortalezas, ganhando, pela transformação do seu arranjo e visual de ordenamento, a função de entreposto comercial, de troca de quinquilharias por toras de pau-brasil ou de abastecimento de água e reparo de navios a caminho das Índias, ou vigilância da costa, seu arranjo mais lembrando um posto militar permanente ou ponto provisório de trocas, que a fixação do povoamento converte em importantes cidades. Destino das feitorias e das fortalezas unidas como uma só. Então, surge uma casa-forte instalada em lugares logisticamente escolhidos da costa, à semelhança de um povoado. Um simples galpão cercado de paliçada, copiada à moda da defesa indígena, abriga militares e civis em instalações comumente precárias, sem outras raízes que não as funções de vigilância e troca e perdurações no tempo, muitas delas tornadas povoados, outras vilas e algumas até cidades quando a vigilância e a troca dão lugar a uma política de ocupação e povoamento com função econômica definitiva de lavoura da cana e moagem do engenho. Cidades que, então, coabitam com as cidades-portos marítimas e as cidades-portos fluviais interioranas, numerosas na costa. São cidades de arranjo urbano que repetem o desenho das cidades e da igreja também, em geral não mais que uma capela, o coreto à frente, o cemitério ao fundo, o casario crescendo para além das habitações da praça, o arruamento, o adensamento humano que cresce.

A própria *plantation* não deixa em si mesma de ser uma relação cidade-fazenda, com sua lavoura de cana, policultura de subsistência e criação de gado. E isso ao lado da casa-grande, casa-sede da fazenda edificada na encosta da colina, de onde o senhorio vê e controla toda a movimentação da fazenda, da senzala – conjunto das habitações dos escravos –, e ao lado também da capela, a unidade de serviço religioso exclusivo da propriedade, com seu cura exclusivo. Soma-se o próprio engenho, a unidade de manufatura, além das oficinas artesanais de inúmeras especializações, relação que lhe confere o estado de uma entidade nuclear e autárcica no sistema econômico-social da Colônia. Um todo de relação interna e externa que lhe dá os meios de suprimento próprios de relação agroindustrial para dentro e cosmopolita para fora, com o seu luxo trazido da Europa e das Índias.

O planalto mineiro-central é outra área geradora de núcleos, aqui urbanos, casados com a extração das minas ao redor, circundados no entorno pelas fazendas de gado e pela diversidade dispersa de ilhas de policultura. Um *intermezzo* de sociedade urbana em meio a um oceano de relações cidade-fazendas, antes da cana, depois do café. São cidades nascidas de arraiais, pousos originariamente logísticos de reposição das bandeiras saídas do planalto paulista sertão adentro, em busca da preação indígena, mas olhando para as minas de ouro e diamantes como perspectiva. Então, arraiais que viram povoados, vilas e cidades com a fixação das descobertas.

De início, era uma mera atividade cascalheira no leito do rio, móvel e instável, e, então, fonte de arraiais provisórios e precários, na fase das bandeiras, depois, de extração profunda nos filões das cabeceiras, e então se torna fixa e definitiva na fase da relação de extração mais rica e rentável. A mineração do ouro, depois, de diamantes, forma um modo de vida por excelência urbano no planalto. No começo, um conjunto de umas poucas palhoças e alguns poucos habitantes, o arraial é uma aglomeração instalada no trecho do meio do curso do rio, onde o ouro em faísca é garimpado em bateias, num grau de exigência técnica pobre e que logo se esgota. Então, o garimpeiro abandona o lugar, deixando o arraial para trás e indo reconstruí-lo em outro ponto. Não demora a ocorrer, contudo, novo esgotamento. Novo deslocamento. E, ao fim, o próprio esgotamento dos pontos de faiscação. O arraial subindo então o rio para ir se instalar nas próprias áreas dos veios originários do cascalho, as áreas de montanhas, dos filões mais ricos e mais exigentes em técnicas e custos. Onde a relação cidade-mina, por fim, se estabelece. E o simples arraial dá lugar à cidade.

Adaptada em seu arranjo urbano às peculiaridades do sítio, a cidade-mina une a grandiosidade da arquitetura ao desalinho próprio do arranjo dos arraiais, com seu arruamento sinuoso e de desenho mal traçado, mas tendo, por dentro da aparência de desordenamento, o padrão geral de desenho urbano do tempo. Em lugar destacado, avista-se a igreja e o casario em sobrados dos afortunados, a casa da Câmara, as residências dos habitantes, as vendas e os armazéns do comércio nas laterais, a profusão das ruas multidirecionadas da circundância do centro. Um desenho marcado pela sucessão de subidas e descidas de ladeiras próprias do sítio. "Toda uma arquitetura própria tem aí lugar, igrejas, palácios, monumentos carregados de esculturas e dourados", diz Deffontaines, "cidades movimentadas contrapostas à desolação dos campos circunvizinhos, sem exploração pastoril ou agrícola, domínio de paisagens calvas e desoladas pela destruição florestal para abertura de galerias, construção de terraceamentos e fusão de metal" (Deffontaines, 1944). E sérios e permanentes problemas de abastecimento de suprimentos alimentícios, obrigando a cidade a trazê-los de longa distância.

O misto de desenho se dando semelhantes às cidades-aldeamento da bacia do Paraná e do Amazonas, fruto de uma política jesuíta de descimento, realocação e reordenamento das aldeias indígenas para lugares mais apropriados para o controle e a catequese. O arranjo original de habitações em círculo, com uma larga praça no meio, à beira do rio e da mata cravejada de clareiras de policultura e campos de caça ao redor, numa espécie de relação cidade-fazenda comunitário-indígena, aqui é quebrado e adaptado pelos jesuítas ao desenho padrão da praça da igreja e do casario de fileiras retas e ortogonais do arranjo colonial. Arranjo mantido com alteração na Amazônia. Mas inteiramente rearrumado na bacia do Paraná. Efeitos do que sobra da preação respectiva das tropas de resgate e do bandeirismo, naquilo que a catequese jesuíta contesta ao mesmo tempo que impõe às populações indígenas.

Na região missioneira paranaica, onde o traçado jesuítico misto se impõe em absoluto, a igreja, grandiosa, mas não majestosa como a da arquitetura mineiro-urbana do planalto das minas, é a referência do arranjo. Imponentes na linha de fundo do grande retângulo do desenho urbano, distinguem-se a cada lado da igreja os prédios da escola, das oficinas artesanais, do refeitório, do cemitério, da administração jesuíta. E, em ambas as laterais, as fileiras do casario das famílias nucleares grupadas numa aglutinação multiétnica em blocos residenciais gentílicos, cada bloco governado pelo cacique da etnia, morador de uma das casas, alçado com o realdeamento a codirigente da administração da redução com os jesuítas. Ao centro, o cruzeiro, no meio da grande praça. Ao redor do núcleo urbano, estende-se ao longe a extensa circundância das áreas de lavoura e criação, dividida em tantos pedaços de domínios de responsabilidade quantas forem as etnias, cada cacique respondendo também pelo cuidado do pedaço de espaço de sua comunidade de etnia.

Já na região amazônica as formas de aldeamento são mais originárias e menos alteradas, cada aldeamento tendo por arranjo urbano as formas originais das suas aldeias, com o casario original à beira do rio e a imensidão da mata amazônica na circundância, campo agora da atividade da exploração extrativista com que se mantém a organização teocrática dos jesuítas, atividade que estes compartilham com outras congregações católicas. A igreja é aí uma instalação mais simples, a morada indígena guardando a arrumação em habitações coletivas, e o cruzeiro instalando-se no centro da velha praça como forma simbólica de domínio e controle dos padres. Distribuídos ao longo das margens dos rios da bacia, os aldeamentos são o ponto de partida da atividade extrativa das drogas da mata, de onde os grupos indígenas saem para internar-se o tempo necessário à recolha dos produtos e para onde voltam para a sua comercialização no mercado externo. Essa livre movimentação das comunidades indígenas nos dias e meses de internalização explica a maior liberdade e menor formalidade face às reduções teocráticas da bacia do Paraná. De ambas as formas vindo a emergir as cidades-comunidades das duas bacias. A ribeirinha espalhada da Amazônia e a de relação cidade-fazenda dos povoados do noroeste riograndense e das estâncias do pampa.

Desenhos do arranjo de relação casa-caminho, no estilo de Brunhes (Brunhes, 1962), que une, no conjunto da Colônia, cidades entre si e com as fazendas, ligadas numa conexão de caminhos, aqui mais forte, ali mais fraca, que delas nascem e a elas voltam, vêm-se acrescer a cidade-estrada – estrada mulada, estrada do boi, estrada dos mascates, estrada do ouro ou estrada das entradas e bandeiras, pontos da logística de descanso, reposição de meios, recuperação de energia, sendo por isso também chamadas pousadas e cidades de pousio. O bandeirismo é o ponto inaugural desse trajeto, com os arraiais, ranchos de pousada instalados no curso do caminho que a bandeira vai criando no deslocamento de grande distância. Ali onde o bandeirista ergue alguns poucos alojamentos, faz alguns cultivos de uma pequena policultura de subsistência e instala um curral para futuros agrupamentos de gado deixado solto na estrada. E vira um ponto de parada e pouso destinado a ser usado pelas bandeiras futuras, coalhando o caminho de pontos de apoio, sobretudo para caminhadas longas e em que é necessário repor provisões e fazer reparos de equipamentos ou preparar-se para vencer obstáculos como trechos encachoeirados, montanhosos ou custosa e trabalhosa travessia de interflúvios. Idem as monções, frentes de comércio realizadas por meio do emprego de barcos e cursos de rios, em que a necessidade, tempos mais à frente, se repete, e nas mesmas áreas, as paradas como necessidade de construção ou reparo de barcos, em que se usavam recursos florestais das matas galerias, abundante nos vales dos rios, levando nisso considerável tempo de espera. As ilhas logísticas encontradas no caminho serviam de pontos de apoio essenciais. Pontos de pouso e pousadas que servem também ao comércio mambembe, a tropas e tropeiros ou para longos deslocamentos de boiada. Caso tão rico quanto a estrada de bandeiras e a estrada de monções, a estrada de boiada é mais machetada e múltipla, mais rica de fases e travessias, para a qual a pousada pede e implica outras adições, como locais de pastagens e aguada. Seu ponto de início é o curral, onde se faz a contagem e se projeta a renda, vindo em seguida a malhada, onde se marca o gado, as invernadas, onde o gado, emagrecido pelo desgaste do deslocamento, encontra posto de engorda, o rodízio, onde ainda na parada o gado é reagrupado e recontado para o prosseguimento do caminho. E, por fim, a feira, o ponto final, espaço de venda e auferimento da renda prevista. Cada fase significa um ponto de logística própria. Cada uma pede uma forma própria de atendimento e especialista. Cada qual em geral dando em povoados novos e velhos sempre renovados. E igualmente ocorre com a estrada-rio. Estradas de bacias fluviais-chave nos deslocamentos, como o rio São Francisco, a generalidade da rede espraiada dos rios do Amazonas, seus pousos e pousadas de barcos e aglomerados, pousos de comércio e reposição de água e provimentos, surgidos ali onde muda a escala da distância. E, na passagem dos dias e das noites, a navegação é interrompida para descanso, necessidade de segurança da tripulação e troca de guarnição de remadores, origem da diversidade dos povoados, vilas e cidades pontuados em linha ao longo dos cursos d'água. Mas é, sobretudo, o caso da estrada mulada, o caminho do deslocamento de tropas e tropeiros, das tropas de burros que fazem a parte principal das interações cidade-fazenda e cidade-mina das áreas do ouro e do café. Esse é o meio de comércio e comunicação social de maior amplitude entre as distâncias mais longas, promovendo a troca entre as fazendas, as cidades e a importação-exportação da Colônia. Deffontaines (1944) discrimina a escala desse movimento: "Fica-se espantado da intensidade dos transportes no Brasil: todos os viajantes antigos nos descrevem o incessante desfilar das caravanas de burros e das mulas ao longo das pistas ou carros de bois com rodas chiadeiras puxados por cinco a dez juntas de bois nos caminhos da serra do Mar". Deffontaines está se referindo aos relatos de viajantes e naturalistas que foram beneficiários, eles mesmos, da logística das pousadas e das fazendas. Diz ele: "Descem do interior metais preciosos, café, rum, açúcar; sobem sal, alimentos, farinha", numa completude das estradas. E acrescenta: "O tropeiro é um personagem típico", diz, e o comércio tropeiro "um dos horizontes de trabalho mais difundidos". Eles trocavam produtos, complementavam desejos, contemplavam necessidades e "difundiam as ideias, os hábitos, as novidades pelas solidões mais afastadas". Eram "um dos principais agentes da unidade brasileira". A logística dos pousos e pousadas era a chave dessa tarefa de grande envergadura.

A CIDADE E O CAMPO

Dessa mediação da estrada surge o trânsito da relação cidade-fazenda para a relação cidade-campo, a passagem de etapa de história que vem pelas mãos do Estado-nação independente. A quebra da relação da cidade com função de morada posta para além da concertação política da Câmara, dos acentos de uma classe dominante acomodada na autarcia, da modorra das distâncias e do isolamento, de que a ferrovia, o café e a indústria são seus agentes.

O ponto de referência é a mudança do caráter religioso em um caráter leigo do patrimônio, informa Deffontaines (1944). Diferentemente do caráter religioso, no leigo o fazendeiro se torna povoador, qual seja, um criador de cidades. Não é mais a Igreja que assume o patronato, prevalecendo a vertente mercantil até então subjacente. Deffontaines está se referindo aos efeitos da Lei de Terras de 1850. Estamos no tempo do mercado de terras por ela criado, válido para a terra rural e para a terra urbana. E o fazendeiro, mesmo que um antigo adquirente de sesmaria, separa, agora, o trecho da propriedade que lhe interessa, divide e vende a terra em lotes, destacando os que mantém para venda futura, e funda a cidade, incluindo a montagem das instalações, repetindo o arranjo de espaço de antes, mas dá-lhe um nome civil, tirado de um evento ou de uma personalidade política, familiar ou histórica, numa referenciação simbólica que laiciza a cidade, sua marca objetiva e jurídica de novo tipo. E, num arremate, muda ele mesmo para a cidade, deixando a fazenda sob a administração de um preposto. Inaugurando a tradição do proprietário absenteísta.

É a plêiade de cidades que surge, por exemplo, no planalto paulista, distinguindo-se e disseminando-se em meio às cidades florescentes nos espaços entre elas, através das ferrovias. A nova forma de transporte que sepulta e substitui a trilha tropeira aonde chega. Agora as estações substituem os pousos e as pousadas da estrada dos tropeiros, diferenciando as formas e o arranjo das cidades. Com isso também se diferenciam das novas formas de fazendas (Monbeig, 1984). Distribuídas em distâncias regulares para a reposição de lenha e água, embarque e desembarque dos produtos importados e exportados, as estações formam o agregado de fazendas e tornam-se cidades, marcando-as com traço migratório do avanço de fronteira do plantio do café. São as cidades-estações que aí nascem e se multiplicam em outras formas para além dos trilhos. Cidades-boca do sertão, que abrem o acesso para o vasto interior do planalto no rumo oeste. Cidades-término, pontas de final de trilho, plantadas antes de novo avanço. Cidades-obra de arte, nascidas do aglomerado de trabalhadores e moradores envolvidos com as obras de engenharia que vencem obstáculos e empurram a estrada, cidades e fazendas sempre mais à frente. Cidades de ramificação e cruzamentos, que vão costurando o avanço em rede. Cidades todas elas criadas "onde a vida urbana está à procura de um ponto de cristalização" (Deffontaines, 1944; Azevedo, 1957, 1970 e 1992).

Cidades também de manutenção, com suas oficinas de conserto e recuperação, fonte do surgimento das pequenas metalurgias que logo se tornam pequenas indústrias de máquinas para o beneficiamento do café, transformando a relação cidade-campo numa relação cidade-indústria-fazenda. À semelhança do que em outros cantos é a relação cidade-fazenda da moagem da cana, do descaroçamento do algodão, da pilagem do milho, da trituração da mandioca, do charqueamento da carne bovina. É a indústria surgindo do seio das áreas rurais, áreas de agroexportação conversoras do trabalho escravo em trabalho não mais escravo a caminho do trabalho assalariado, voltada para a demanda de bens não agrícolas dessa população estabelecida com relação de trabalho nova, mas mantida ligada à produção agroexportadora, de que a ferrovia é um claro símbolo. A indústria de pequenas e médias fábricas básicas, em geral têxteis e alimentícias, que se somam às de metalurgia e máquinas de beneficiamento agrícola, para além do planalto paulista – ali onde também chega a ferrovia e a mudança cidade-fazenda que a ferrovia simboliza –, vê nela introduzir-se a relação fábrica-vila, uma espécie de cidade urbana dentro da cidade rural (Moreira, 2013[1985]).

A fábrica-vila é uma unidade de espaço instalada entre a cidade e a fazenda, próxima ao pé de serra cercana, onde o industrial aloca uma pequena usina, o que cria um tripé fábrica-usina-vila dentro do universo da relação cidade-fazenda, de grande efeito redistributivo de uma e de outra. A vila surge aí como um conjunto de casas soltas ou geminadas, como numa senzala, construída num terreno fechado e contíguo ao terreno da fábrica, com a pequena usina de fundo. E em mais que uma analogia com o tripé casa-grande-senzala-engenho da *plantation* açucareira, as casas surgem como uma forma de controle dos trabalhadores pelo industrial, dono seja da fábrica e seja da vila, as casas sendo entregues à morada destes com preferências aos trabalhadores casados e com família, para maior disciplina de vida, controle e eficiência do trabalho na vila e na fábrica.

A introdução da energia hidrelétrica de médio porte traz a fábrica-vila para dentro da cidade, instalando-se e transformando-se em uma fábrica-bairro dentro dela. Então, a cidade aumenta e estratifica socialmente sua composição demográfica, amplifica sua estrutura do comércio e dos serviços, expandindo e diferenciando seu arranjo de espaço, atraindo junto à indústria, ao comércio e aos serviços o êxodo rural, num movimento de redistribuição e crescimento desigual da população, que remaneja, reordena e converte a relação cidade-fazenda em uma relação cidade-campo. Relação na qual a relação cidade-fazenda permanece, passando a existir de outra forma. O veículo desse remanejamento é a generalização da ferrovia, a implantação da navegação a vapor e, mais à frente, a rodovia no sistema de transportes, numa nova cartografia de circulação. Por conseguinte, uma nova cartografia de cidades, de fazendas e da relação cidade-fazenda.

A ferrovia é a grande geradora de novas repartições. Sua disposição redistribui e reacomoda a localização das fazendas e das cidades, priorizando umas e dispensado outras, num novo quadro de interação. Restrita de início à área cafeeira do planalto paulista, logo ela também chega e se expande na zona da mata e sertão nordestinos, no horizonte sem fim do pampa e do planalto sulinos. Aqui, substituindo a estrada tropeira, ali a estrada do rio, acolá a estrada do boi. A implantação da ferrovia altera e reorienta a direção das correntes de comércio, a localização das áreas de produção, os fluxos de circulação, o circuito das trocas, a distribuição e estrutura dos pontos de escoamento, face a sua capacidade de transportar em maior volume e com maior rapidez os produtos das fazendas, entre as fazendas e as cidades e entre o litoral e o interior, nos eixos de exportação-importação. Então, toda uma nova concentração das cidades e fazendas se dá, instadas a se deslocar e se redistribuir pelas e nas áreas por ela servidas e beneficiadas com menor tempo de deslocamento dos produtos. A se localizar, sobretudo se muito interiorizadas, à menor distância relativa da cidade-porto escolhida para terminal portuário, e então reestruturada em sua capacidade de armazenagem e escoamento. Muda, assim, a configuração espacial das cidades e das fazendas, levadas cada vez mais a se espraiar pelas áreas distantes da hinterlândia e a reestruturar o arranjo de sua relação interna-externa em formas mais amplas e diversas. E sobretudo no planalto paulista, no qual fazenda e ferrovia se confundem. Bem como as cidades. Aí se encontram as cidades passadas, as novas e as renovadas, estas obrigadas a deslocar-se do fundo do vale em que se confundiam com a circulação fluvial e tropeira para o topo plano dos espigões, eixo dos trilhos da ferrovia, onde estão as novas cidades, surgidas num desdobramento das estações ferroviárias, com seu arruamento de comércio, oficinas de reparo e pequenos produtos de indústria, sua riqueza de serviços. Aí, onde a ferrovia passa, a cidade e a fazenda ganham nova forma e dinâmica, surgem novas ou são deixadas fora do seu eixo, caindo, ao contrário, no abandono e decadência. A chegada da ferrovia forma por todos os cantos um contraste de fazendas e cidades vivas e fazendas e cidades mortas. Estas estão, particularmente, nas áreas das antigas vias de escoamento, cidades-portos fluviais e portos-litorâneos esquecidas e abandonadas junto ao abandono dos velhos caminhos. Paisagens mortas traçadas maravilhosamente por Monteiro Lobato.

A navegação a vapor segue o mesmo caminho de vitalização, redistribuição e reestruturação e morte de fazendas, cidades e portos, com sua duplicação de tecido urbano e igual efeito de desigualação do arranjo. A estrada, fluvial ou marítima, precisa, tal qual antes, de logística urbana para repouso e mudas, pontos de escala, agora para reposição de lenha e carvão para as caldeiras. São cidades e portos dispostos à distância entre si, agora com a maior liberdade de escala dos navios a vapor, onde se instalam lenhadores e comerciantes, e com infraestrutura de instalações de escoamento, tanto no litoral como nos grandes rios, para o serviço de terra, o que valoriza as cidades e os portos terminais e leva as demais à decadência.

A grande diferença é, entretanto, a que se dá entre litoral e sertão. Eixo-chave de ligação da relação de embarque-desembarque dos produtos expedidos e demandados pelas fazendas e cidades, no longo do qual uma estratificação de níveis vai aparecendo. As cidades-portos de exportação-importação sobressaindo-se face às demais. Numa crescente desigualação do painel da infinidade de vilas e cidades menores e cidades centrais na relação de trocas, que aos poucos elimina as cidades de meio porte, hierarquizando e reordenando igualmente a relação cidade-fazenda. Em geral localizadas no litoral, privilegiam-se as cidades de dado produto de exportação específico – o cacau, o algodão, o açúcar, o ouro, o café, o charque – agigantadas pelas grandes obras de ampliação de infraestrutura portuária e urbana. Sua estrutura terciária de equipamentos atraindo para a localização preferencial da indústria, do comércio e dos serviços, que agem por sua vez como chamariz da população migrada de outras áreas, num começo de destoamento entre o pequeno número de cidades de grande porte e o grande número de cidades menores e pequenas, num fosso de cidades médias crescente (Geiger, 1963; Santos, 1993; Hahner, 1993).

A CIDADE E O URBANO

A chegada da rodovia reitera ao mesmo tempo que retempera esse quadro. Ela clarifica a relação de identidade da cidade e da indústria, da agricultura e da indústria, da migração da população da fazenda para a cidade, dando aos pares cidade-fazenda e cidade-campo um conteúdo de relação cidade e urbano.

São dois meios de ordenamento de efeitos de organização diferentes. Se a ferrovia é o sistema de identificação da fazenda e da agricultura, a rodovia é o da identidade da cidade e da indústria. A indústria aprofundada como o ponto do meio da relação cidade-indústria-fazenda, esta eixo estrutural da natureza econômico-social com que se dá a formação social brasileira. Ferrovia e rodovia diferem e se complementam como veículos constitutivos da espacialidade da formação. Enquanto a ferrovia a organiza num arranjo de ligação linear entre as áreas de produção interioranas e os portos de exportação-importação litorânea, numa espacialidade de configuração linear para fora, a rodovia a organiza num arranjo de ligação ortogonal das áreas entre si, uma espacialidade de configuração em xadrez organizada numa relação para dentro. A ferrovia localiza e distribui fazendas e cidades em arrumações que não se flexibilizam, a rodovia localiza-as e distribui-as em arrumações flexíveis. A ferrovia pouco afeita ao caráter amplamente móvel das fazendas, a rodovia em tudo voltada à interação multidirecionada, chegando ali, porta a porta, onde a ferrovia não chega. De um modo que se o trem é a porta que abre para o avanço da linha da fronteira das fazendas e das cidades, o caminhão é o agente que as ramifica e as diversifica na interatividade das ligações múltiplas. A ferrovia é a parteira da expansão unidirigida do escoamento; a rodovia, a parteira da mobilidade multiorientada das trocas, em outras palavras.

Crescem, assim, com a rodovia, as cidades pequenas e as cidades grandes, mas principalmente as cidades médias, com o estímulo às migrações campo-cidade e cidade-cidade, dirigidas cada vez mais para as cidades médias, ao mesmo tempo que para as cidades grandes, a caminho da grande metrópole, preenchendo o fosso do meio. Reorientando, mais e mais para as cidades do meio, o privilegiamento das cidades-portuárias e a busca migratória de benefícios nelas concentrados pelo terciário e pela indústria. Numa nova repartição da distribuição espacial das migrações e dos meios, com uma espacialidade de coabitação das cidades. E, também, uma desigualação de novo tipo.

O tempo da rodovia é, pois, o tempo das cidades e fazendas que coabitam o vasto espaço acumulado da História. De um lado, há as cidades que mantêm o cunho religioso e administrativo do passado e, de outro lado, as cidades do abarcamento da indústria e do terciário avançado, cidades antigas e cidades modernas, cidades de função política da relação cidade-fazenda e cidades de função econômica da relação cidade-campo, num contraste de urbanismos. Cidades pequenas de ruas estreitas e acanhadas, da igreja e dos sobrados, do comércio dos armazéns e das vendas, do entorno de ruas tortas e casario baixo. E cidades grandes do crescimento vertical. Do transporte de massa. Do trem urbano, do ônibus e do automóvel. Do asfalto e avenidas longas. Dos arranha-céus e dos subúrbios. Mas também as cidades médias das indústrias de beneficiamento autonomizadas das fazendas e entronizadas na familiaridade do tecido das cidades. Tempo do caminhão cortando as fazendas no longo da estrada. Da separação indústria de beneficiamento e indústria de transformação que alinha cidade-indústria-fazenda num mesmo eixo. Da divisão territorial do trabalho que separa e reintegra – sob a conformação política contraditória da relação cidade-campo – a relação de reprodução econômico-social unitário-desigual da relação cidade-fazenda. Do esgotamento de ambiência que, cedo, estrangula e leva indústria de transformação e indústria de beneficiamento ao reencontro como num retorno de unidade em uma volta ao mundo da fazenda, cidade, indústria e fazenda de novo coabitando, ligadas e autônomas agora, ao mesmo tempo e no mesmo espaço. Do campo que se industrializa. Da cidade que se terceiriza.

UMA TECELAGEM EM CAMADAS

Os ciclos de espaço-tempo são o contexto dessa conjugação de casas e caminhos. O entretecido da tecelagem feito em camadas que seu cruzamento e sucessão, tal qual um mosaico em xadrez de micro e mesopedaços, vai configurando por dentro do desenho dos grandes espaços.

São ciclos que aqui e ali se sobrepõem e se amalgamam num arco de duração de marcos e fases históricas de diferente duração, respondendo, hoje como ontem, pela diversa estrutura de arranjo da organização geográfica brasileira, reafirmando e recriando essa organização como um país plural. Sobreposição e amalgamento que cuida que a cada momento tudo mude, mudando as formas sem que o conteúdo em nada mude efetivamente (Moreira, 2018; Silva, 2019; Silva e Monteiro, 2020).

DO PAU-BRASIL À CANA-DE-AÇÚCAR E AO GADO

O ciclo da exploração florestal, de início centrado na extração e exportação do pau-brasil, é conhecido, na verdade, por ciclo de pau-brasil, mas ele refere-se também à exploração de plantas medicinais, plantas alimentícias, matéria-prima artesanal, lenha e madeira, além de água para os navios. Este é o ciclo inaugural que começa no século XVI, espraiando-se pelo litoral e chegando hoje à Amazônia. Trata-se de um ciclo de atividades ligadas à exploração dos recursos florestais que acompanha a trajetória da marcha contínua de expansão da fronteira interior adentro, desde o litoral até o hipotético Tratado de Tordesilhas. Essa é a característica de todos os ciclos, daí se entrecruzarem e se amalgamarem redesenhando em diferentes recortes de escala os grandes espaços de paisagens de natureza dos biomas que vão encontrando à frente. De que brotam os primeiros mecanismos institucionais de gestão da terra na forma de capitanias hereditárias e os primeiros aglomerados urbanos e agrícolas na forma das feitorias.

A área do ciclo é a longa faixa norte-sul da costa florestada, do Rio Grande do Norte ao Rio de Janeiro, até a parte norte de São Paulo, com maior ocorrência do pau-brasil, a que logo vão juntar-se, em diferentes tempos, os ciclos da cana e do engenho, do fumo, do algodão, do cacau e da policultura de subsistência, cada cultura ocupando um pedaço de área próprio da mata, isolados e ao mesmo tempo em interação. Com o tempo, pluralizando-se para além do pau-brasil e dos recursos da costa leste, o ciclo sobe a serra e se espalha pelo planalto para combinar-se com o ciclo bandeirista de preação, nas matas galerias e cerrados do planalto paulista, planalto mineiro e planalto central; com o ciclo urbano de ouro e diamantes, nas faixas de mata atlântica e cerrados do planalto mineiro, planalto baiano e planalto central; com o ciclo do gado nas matas galerias e vegetação aberta da caatinga do planalto nordestino, matas galerias do cerrado do planalto central e pampa e campos altos do planalto sulino; com o ciclo das drogas do sertão e depois da borracha e da castanha na mata fechada da bacia amazônica; com o do café, na malha de matas e cerrados do planalto paulista; e hoje com o ciclo da cadeia de soja-óleo-carne das matas galerias e cerrados do planalto central. Sequência de fases de um ciclo dentro de outro, tal qual uma boneca russa, ciclos reiterados ao mesmo tempo que diferentes entre si, tal como no mosaico xadrez visto ma roupa de um escocês, na estrutura de conjunto do espaço que vai se formando. Um ciclo mutante que ora é o do pau-brasil com o ciclo da cana (pau-brasil e lenha), ora da lenha e madeira com o ciclo do ouro, ora controle da erosão com o ciclo da soja.

O período de centralidade do pau-brasil e dos recursos florestais litorâneos é a fase das feitorias, dos núcleos de ocupação provisória de franceses e portugueses, que se envolveram em grandes embates de expulsão e assentamento, primeiro nas guerras de destruição da Colônia da França Antártica, na baía da Guanabara, no Rio de Janeiro, depois nas guerras do rio Real, no norte litorâneo da Bahia, no Sergipe D'el-Rei, nas duas bandas da foz do rio São Francisco, em seguida na foz do vale Paraíba, na Paraíba, e do rio Potengi, no Rio Grande do Norte, passando para a costa norte, onde cessa a ocorrência do pau-brasil, contra a Colônia da França Equinocial, no litoral do Maranhão, por fim na foz do Amazonas. Guerras de tomada e domínio de território que se estendem por todo o correr dos séculos XVI e XVII contra franceses e em escala menor ingleses, holandeses, e, nos extremos norte e sul e oeste contra os espanhóis, de que vão derivar a multiplicação de fortalezas, povoados e áreas de cultivo e a longa trajetória de relação cidade-fazenda central na evolução brasileira. Fase em que o modelo de capitanias, experiência de implante institucional que tem o ciclo do pau-brasil como o seu selo, vai cumprir o papel a que a Coroa portuguesa, por fim, se vê obrigada de ocupar e povoar a Colônia.

As capitanias são unidades político-territoriais de exploração econômica e de gestão de governo que a Coroa foi levada a estabelecer em vista da incorporação efetiva da Colônia ao Reino. Para tanto, o território colonial foi dividido em 1532 em uma malha de 15 faixas paralelas (a primeira fora Fernão de Noronha, em 1504), medindo entre 50 e 100 léguas de largura, com testada no litoral e profundidade para o interior indefinida, em tese até a linha de Tordesilhas, do litoral do Pará (Belém) a Santa Catarina (Laguna), entregues à administração de um donatário (algumas a mais de um), às quais se acrescentam em seguida mais três, em um total de 18, assim nascendo a base da atual divisão política do país. A cada donatário foi outorgado o direito de exploração extensiva dos recursos da floresta, em particular do pau-brasil, obedecido o direito de monopólio da Coroa. E a obrigação da cobrança e pagamento do dízimo e da instalação dos meios de defesa do território face às diferentes incursões.

Trata-se de uma medida antecedida da viagem de Martin Afonso de Souza, em 1530, que leva à fundação, em 1532, da vila de São Vicente, a que se segue a de Santos, no litoral de São Paulo, e da vila de Santo André da Borda do Campo, na borda do planalto paulista, que dá início à cultura da cana e à fundação de engenhos, que não vão adiante, e dá o mote justamente da política de ocupação e povoamento por meio da administração em capitanias. Em uma escala ampliada das atribuições dadas a Martin Afonso, os donatários têm o poder civil e militar pleno de governo, a tarefa de espalhar sesmarias e povoados pelo litoral, de instalar feitorias e fortalezas nos pontos-chave de defesa e estabelecer comércio com as tribos indígenas, em particular do pau-brasil. Então, obedecidas as regras normativas do Estado colonial português, instituir órgãos de gestão do território, em especial Ouvidoria, Tabelionato, Procuradoria, Fazenda, funcionando como uma configuração de Estado, com atribuições criminais e tributárias sobre a população e o território de cada jurisdição. Um poder senhorial-privado, pois, com direitos de distribuição de grandes propriedades, sesmarias que fundem vilas e difundam fazendas de gado e de plantio de cana, os donatários devem cobrar tributos seus e da Coroa, fundar sob seu comando imediato a sociedade hierárquica e estratificada em rei, donatários e sesmeiros, acima de indígenas livres e escravos, homens livres não proprietários, com que vai se erguer a Colônia. Embora não tenha realizado todo o propósito-base de ocupação e povoamento, à exceção de Pernambuco, com a instalação dos canaviais e engenhos que vinham na decorrência da exploração do pau-brasil e recursos florestais, o regime de capitanias logra instalar, entretanto, de fato, um sistema de defesa, dando início aos primeiros núcleos urbanos e de ocupação agrícola e pastoril da Colônia e lançando os germes de estruturação do território e das ainda parcas arrumações político-administrativos e institucionais da máquina de Estado na Colônia (Vianna, 1977; Prado Jr., 1961).

Elementos de um todo societário e de sociabilidade em formação, as feitorias, as cidades-sede e as fazendas, muitas delas nascidas junto às áreas de fortalezas disseminadas pela costa, e a própria divisão administrativa em capitanias, são o ponto do começo de um arranjo efetivo de criação de uma relação colonial de sociedade e espaço. As feitorias, criadas ainda antes das capitanias, são pequenos fortes cercados de proteção e instalados em pontos estratégicos de comércio dos recursos da floresta ao redor do pau-brasil com os povos indígenas da costa. Espalhadas na área de concentração do pau-brasil, particularmente no litoral norte de São Paulo, trecho entre a baía da Guanabara e Cabo Frio, no Rio de Janeiro, recôncavo baiano, trecho do rio Real, na Bahia, Sergipe D'El-Rei, e foz dos rios de Paraíba e

Rio Grande do Norte, no litoral nordestino, as feitorias são pontos de troca de pau-brasil e produtos florestais por espelhos, vidrilhos, guizos, pentes, quinquilharias ao lado de tesouras, facas, machados e foices, ao lado da extração de madeira para construções, reparos e reabastecimento de água dos navios a caminho das Índias, dando aos navegantes apoio logístico em suas paradas em pontos-chave da costa. Aí surgindo Bertioga, em São Paulo, Cabo Frio, no Rio de Janeiro, Santa Cruz, na Bahia, Igaraçu e Itamaracá, em Pernambuco, pequenos aglomerados a caminho de núcleos urbanos, importantes na tarefa de ocupação ao lado das cidades-sede Olinda, em Pernambuco, Vila do Pereira, na Bahia de Todos os Santos, Vila de Ilhéus, em Ilhéus, Vila Velha, no Espírito Santo, das capitanias, embriões de núcleos de cidade-fazenda que logo vão se instalar e se expandir com a implantação do ciclo da cana, do algodão, do gado.

São pontos que vingam com o ciclo do pau-brasil. Um ciclo que junta extrativismo predatório, povoamento pontual e marcos de ocupação, e que aos poucos se extingue com a redução da ocorrência da espécie e a devastação local da floresta costeira, terminando formalmente com o decreto imperial em 1859, e só continuando a ocorrer junto aos demais ciclos, no imediato a cana, na mesma faixa de matas, em rápida ascensão.

O ciclo da cana é o herdeiro do ciclo do pau-brasil com sua forma de *plantation* instalada em núcleos localizados nas partes mais interiorizadas do litoral. Distribuída de forma fixa ao longo da mesma faixa de mata tropical do ciclo do pau-brasil e exploração florestal, a *plantation* canavieiro-açucareira instala e consolida os centros efetivos de ocupação e povoamento da Colônia, concentrando-se centralmente na zona da mata nordestina e na zona vicentina do litoral paulista e, secundariamente, em trechos espalhados do Maranhão ao Rio de Janeiro.

A fachada costeira leste é sua área de eleição por suas características de solo e clima de chuvas de verão e inverno seco, condição apropriada para a formação e concentração da sacarose, localizando-se em núcleos espalhados pelas várzeas dos rios que descem a caminho do mar das encostas das terras altas que separam o planalto interiorano e a baixada litorânea como uma muralha de linha norte-sul paralela à orla. Deixando as áreas de solos pobres da alta e média encosta, topo dos interflúvios e terraços terciários para o gado e a policultura, a cana se difunde pelos solos férteis das várzeas dos rios a cujas margens vão se localizar os engenhos. Aí se interiorizando até pouco além de 60 km do mar, sempre afastada do litoral mais imediato. Distribuição que se repete sem a mesma regularidade ao longo da costa norte, do Maranhão ao Pará, pulando o trecho litorâneo mais seco entre o Ceará e o Rio Grande do Norte. Vingando junto à trajetória das capitanias em São Vicente e Pernambuco, além da Bahia, secundariamente em outras capitanias, coincidentemente com o auge do ciclo do pau-brasil e exploração florestal, o ciclo da cana e do engenho avança no correr do tempo em Pernambuco e declina em São Vicente, tornando Pernambuco e Bahia, nos séculos XVI e XVII, os centros de referência político e econômico da Colônia.

Apoiada, de um lado, na grande propriedade e na monocultura e, de outro, em forte investimento em força de trabalho e equipamentos industriais, a *plantation* usa essa disponibilidade de abundância da terra para transferir o ônus do custo da produção do açúcar para o par mata-solo. Sua exploração é dividida com o extrativismo do pau-brasil e dos recursos florestais, bem como as culturas do fumo e do algodão no correr desses dois séculos, num alto consumo de lenha, madeira e água. Razão porque a localização da cana e do engenho coincide com a distribuição das várzeas e das matas, mais interiorizadas, diferentemente da exploração do pau-brasil, mais litorânea, sem, entretanto, distanciar-se em demasia do mar, evitando afastar-se da proximidade dos portos marítimos e assim ficar a menor distância dos centros de consumo europeus, destino da exportação do produto, buscando associar solo fértil, abundância de mata e água e localização costeira.

Dentro do par floresta-solo, é a qualidade e a localização do solo, todavia, que dão a palavra final. O que traz também para dentro das determinações o peso da forma do relevo, elemento, ao lado do solo, da dispersão em manchas das áreas de cultivo, dada a influência que este exerce na disposição fragmentada do terreno plano e do solo mais fértil pela alternância norte-sul das várzeas e interflúvios, em particular na longa encosta oriental do planalto da Borborema, área da zona da mata nordestina. Fato que se repete na faixa costeira do Rio de Janeiro e São Paulo com a serra do Mar. Partes do embarreiramento em alinhamento contínuo da Borborema, chapada Diamantina, serra do Espinhaço, serra da Mantiqueira e serra do Mar, que separa e interdita do norte ao sul o contato litoral-interior, fragmentando em feixe de paralelas de orientação oeste-leste os rios da costa leste (e se repete, mas no sentido sul-norte, na costa norte), obstando a distribuição contínua das fazendas e povoados e realçando o papel desses rios na interiorização do povoamento. Relevo, mata, solos e águas determinam as localizações e interiorizações.

No correr dos séculos XVI e XVII, a zona da mata nordestina é por referência o centro de localização do ciclo da cana, compartilhada com o fumo, o gado, a policultura de subsistência. A cana privilegia as áreas de massapê, solo de várzea, fértil e favorável a sucessivas colheitas sem replantio. O ciclo da cana divide a mata, rica em madeira de lei para as construções e lenha para as caldeiras, com o ciclo do pau-brasil, o cultivo do fumo, a policultura. Aí se instalando e migrando de áreas quando o solo, esgotado pelo desmatamento, por desgaste das queimadas e reincidências de uso, é então abandonado. Prática que compartilha com a policultura, mas distinta do fumo, cultura mais intensiva. Mais à frente, a cultura do algodão, realizada em solo menos fértil e ambiente menos úmido e introduzida na zona canavieira a partir do século XVIII. Todas elas culturas da faixa da mata, junto a vigência ainda do ciclo do pau-brasil, numa relação de coabitação e acampamento. A par do solo e da água e do suporte da floresta, a *plantation* da cana e o engenho são um empreendimento exigente em espaço. De um lado para a implantação da monocultura, de outro para as instalações da manufatura. Se o canavial pede grande extensão, a instalação do engenho implica uma área própria, que inclui os prédios da casa da moenda, com tambores movidos a água (engenho real, o mais produtivo), tração de cavalos ou de bois (mais simples e com menos aparelhos), onde a cana é esmagada; a casa das fornalhas, alta consumidora de lenha, onde o caldo é cozido e apurado, empregando uma diversidade de equipamentos metálicos; a casa dos cobres, ponto de aglutinação dos equipamentos do engenho, para esfriamento e condensação do açúcar; a casa de purgar, onde o açúcar é branqueado; a casa dos galpões e áreas anexas, onde o pão de açúcar é quebrado, refinado e deixado a secar ao sol, depois pilado em caixões e remetido sob essa forma ao porto marítimo para embarque ao mercado externo (Antonil, apud

Canabrava, 1973). Além dos prédios das oficinas onde havia de marcenaria a reparos de máquinas, gera-se todo tipo de serviços e funções que fazem da lavoura e do engenho uma estrutura autossuficiente em funcionamento e organização. E da diversidade de meios de transporte da cana ao engenho e do engenho para os portos litorâneos, dos carros de bois que levam a cana aos pequenos portos fluviais às barcas que levam destes portos ao engenho e depois o açúcar dos engenhos aos portos litorâneos. E do número de povoados que aqui e ali vão brotando para ordenar essa movimentação individual e do conjunto das *plantations* (Melo, 1969).

No conjunto, a *plantation* é, assim, um sistema de estrutura complexa e de alto custo de implantação. Cerne de um todo que envolve lavoura e engenho, agricultura e indústria integralizadas numa só unidade de estrutura, o engenho é a parte de maior despesa e de maior rentabilidade, sua presença se destaca e se distingue dentro do todo plantacionista. Localizado à beira de um rio, se dispõe ao seu redor, o canavial e todo o fluxo de relações da *plantation*. E responde pela estratificação espacial e social que distingue e divide a aparente homogeneidade do canavial em diferentes frações de espaço, os senhores de escravos entre si e a atividade canavieiro-açucareira face às demais. Entre os senhores de escravos há os com e os sem engenho, divididos em proprietários de engenhos e fornecedores de cana, o submetimento de uns com os outros. Estendido ao redor do engenho, o canavial se divide, assim, em um primeiro plano, entre a cana de propriedade do dono de engenho e a cana dos fornecedores. Por sua vez, designação de uma diversidade de diferentes segmentos. Muitos são proprietários da terra que cultivam, muitos outros cultivam a cana em terras arrendadas, e outros ainda na condição de morador, como foreiro. A localização da cana indica a localização do fornecedor dentro do estrato. O dono de engenho é também proprietário de terra e canavial, a cana de sua propriedade fica no imediato da localização do engenho, a fração de plantio logo a ele seguida. Essa é a cana da prioridade da moagem. Vem a seguir o canavial do senhor de escravos e sem engenho, sua localização indica a cana a ser moída em complemento à do senhor de engenho. Por fim, vem o canavial dos demais fornecedores. A ordem da moagem no engenho. Localização e vez que indicam também a margem da parte do açúcar que o fornecedor passa ao dono da indústria em pagamento ao serviço da moagem. Numa proporção que chega a 50% da margem de lucro. Arranjo do espaço que indica, como uma infraestrutura, a superestrutura de classes que assim se edifica na sociedade da *plantation*.

A grande propriedade, a monocultura e o trabalho escravo são as componentes-chave da organização. As fontes dos gastos e investimentos. Numa contabilidade de despesas que a Coroa se incumbia de diminuir com a doação da terra em sesmaria, a monocultura com a transferência de parte do gasto com cultivo para o solo e a mata, tem a parte alta do gasto de investimento se concentrando na aquisição do escravo, que a policultura reproduzia a baixo custo, além de aquisição e gastos de manutenção dos equipamentos do engenho, que os fornecedores atenuavam por sua vez com o pagamento de moagem (Gorender, 1978; Castro, 1969 e 1971).

Era alto o custo de aquisição e manutenção da numerosa quantidade de escravos empregada seja no trabalho da lavoura, seja no trabalho do engenho. Uma demanda de início resolvida com a preação e comércio do escravo indígena, em uma espécie de acumulação prévia interna à acumulação primitiva. Esse comércio foi substituído, a partir dos finais do século XVI e meados do século XVII, pelo escravo africano alimentado pelo tráfico internacional, com fontes de origem na Costa da Mina e Angola, no litoral africano do Atlântico, à medida que o ciclo da cana e do engenho se implanta e se consolida, numa relação direta com os núcleos de Pernambuco, onde se dá o primeiro registro do tráfico, em 1543, e da Bahia, já aflorados como epicentros do ciclo açucareiro. O trabalho escravo negro se torna, então, na virada dos séculos XVI-XVII, mais visivelmente a partir de 1587, a forma de relação de trabalho dominante – o trabalho escravo indígena só voltando a ter importância no período da dominação holandesa, de 1630 a 1654, coincidentemente com a implantação da União Ibérica. Com ele se ergue o ciclo da cana como o ciclo da sociedade da casa-grande, a residência senhorial, em geral um grande sobrado rodeado de grandes varandas e localizado num ponto da cota de relevo que dava a visão gestora e panorâmica do todo do espaço plantacionista, panóplia que introjeta o patriarcado para dentro das relações pessoais como norma de vida; da senzala, a morada dos escravos, posta ao lado da casa-grande e símbolo do mundo autoritário do patriarcado e da grande propriedade; da capela, o lado intermediador da Igreja, posta dentro do espaço da *plantation* como numa repetição interna da relação externa da relação cidade-igreja-fazenda que a colonização vai generalizar como forma padrão de arranjo de espaço da Colônia; e do engenho do açúcar, a razão mesma da sociedade plantationista. Tudo rodeado das ilhas de policultura, da fazenda de gado, uma grande fazenda de subsistência, no dizer de Caio Prado, e do fumo, uma monocultura escravista como a canavieira, bases da reprodução e reposição da força de trabalho escrava (Freyre, 1973; Prado Jr., 1961).

No ciclo de consolidação da ocupação e do povoamento da Colônia, o ciclo da cana e do engenho dá uma forma mais ampla ao Estado colonial, completando os ensaios de instauração do sistema de capitanias do ciclo do pau-brasil. Responde também pela substituição do regime das capitanias pelo regime do Governo-Geral. O Governo-Geral é o plano macro do ciclo da cana, com a capitania fora do ciclo do pau-brasil. É um sistema político globalizante que une numa mesma superestrutura o ciclo da cana-engenho e o ciclo do pau-brasil e de exploração florestal. Ele interliga e traz para dentro do todo as partes do bandeirismo de preação indígena e do mercado externo do açúcar, juntando funcionalmente o problema da força de trabalho e de realização do valor do ciclo. Organiza e finaliza a fase de superação da invasão francesa e depois holandesa. Conclui o movimento de formação territorial que o entradismo das capitanias inicia. Mantém a malha descentralizada das capitanias ao mesmo tempo que centraliza a administração do governo. Torna a estrutura do Estado mais completa com a criação das instâncias da Justiça, Fazenda, ouvidor-geral, provedor-mor (juntando a função ampla de tesouraria, arrecadação de rendas, fiscalização de contas, contadoria, escrivaria, alfândega, heranças, registro de terras), capitão-mor da costa (instância de comando militar geral de defesa), subordinadas ao Governo-Geral. Ao mesmo tempo, dá as bases da formação da estrutura eclesiástica como parte de poder espiritual do sistema de poder temporal de governo do Estado, poder temporal e poder espiritual reproduzido dentro da Colônia a relação do Estado português e do Vaticano existente na metrópole. E cada cidade, além internamente a *plantation*, vai repetir o seu arranjo. Estado colonial e Companhia de Jesus num entrelace. Na bagagem do primeiro governador-geral, Tomé de Souza (1549), vêm, juntos, funcionários civis, funcionários militares, profissionais de diferentes ofícios, jesuítas, estes chefiados por padre superior, Manoel de Nóbrega, com o regimento do realdeamento, dos colégios e da função de catequese no bolso. Se, entretanto, a base político-administrativa do Estado já existe, ampliada agora com a implantação do Governo-Geral, a base eclesiástica só aos poucos vai se implantado, a partir da instituição do bispado e das dioceses subordinados a um padre superior, até que se tenha um vigário-geral, esta estrutura se espraiando rapidamente através o trabalho de catequese nas cidades, fazendas, aldeamentos e colégios jesuítas. Faz-se necessário, para essa centralidade administrativa comum do Governo-Geral e dos eclesiastas, uma sede-central de administração, criada então com a fundação da cidade de Salvador, na Bahia, a meio caminho físico entre a foz do rio Amazonas e foz do rio da Prata, território real da Colônia, na leitura da metrópole, logo seguida da criação da cidade do Rio de Janeiro, a propósito da destruição da Colônia da França Antártica e expulsão dos franceses da baía de Guanabara, e já tomada para ponto-chave do controle português do trecho sul do arco litorâneo, e da cidade de São Paulo do Piratininga no planalto.

Sob esse quadro de estrutura e governo, o ciclo da cana se organiza em suas grandes e pequenas áreas abertas de solo de várzea da floresta costeira. E daí com o tempo sobe a encosta e se interioriza planalto adentro. Sempre tomando por base as áreas de solos de mata e puxando consigo em acamamento a exploração florestal, a lavoura do fumo, a policultura de subsistência e, nas cercanias de campos e cerrados, as fazendas de gado. Avançando para além dos núcleos iniciais de São Vicente, Bahia e Pernambuco, chega à baixada fluminense, logo deslocada para a boca do Paraíba do Sul, no Rio de Janeiro, e à depressão periférica do planalto paulista, ao longo do século XVIII-XIX, de onde no século XX chega ao sul do planalto central e se junta no século XX-XXI ao ciclo da soja rumo ao centro-norte.

Dois grandes núcleos vão organizar a Colônia globalmente nesse momento do ciclo, os dois cujas capitanias exatamente deram certo, o núcleo vicentino, na costa de São Paulo, e o núcleo pernambucano-baiano, na costa de Pernambuco e Bahia. Distintos por seus respectivos modos de produção e existência.

São Vicente, no litoral de São Paulo, é o primeiro, que foi criado ainda em 1532 por Martin Afonso de Souza já com a função de inaugurar a fase de realizar a ocupação efetiva da Colônia, logo seguida da criação do regime das capitanias em 1534. Escolhida por sua suposta correlação com as minas de prata do Peru, em Potosí, aí se implantam os primeiros canaviais e os primeiros engenhos, e funda-se a Vila de São Vicente, mais a Vila de Santos, e daí também partem os colonos que vão fundar, na boca do planalto, a Vila de Santo André da Borda do Campo e, mais além, a Vila de São Paulo do Piratininga, com a fundação do Colégio de São Paulo pelos jesuítas, e de vilas que em seguida irão se fundir ao redor do Colégio, com a transferência dos moradores da Vila de Santo André para a de São Paulo. Duas áreas distintas e interligadas como subnúcleos aí assim se formam com seus modos diferentes de produção e existência, a litorânea apoiada na grande propriedade, na monocultura e no trabalho escravo, com destino à produção e exportação do açúcar, e a planaltina, apoiada no sítio familiar-patriarcal escravocrata, na policultura de autossubsistência e de mercado interno, à base do trabalho do escravo indígena, com destino ao autoconsumo e à venda para o mercado. Áreas que se ligam pelas trocas, o litoral enviando seus produtos de agroindústria e os chegados da metrópole, e o planalto, seus produtos de subsistência e escravos preados dos povos indígenas vizinhos para o trabalho nos sítios, depois levados à venda para o trabalho na cana e nos engenhos da costa.

O núcleo pernambucano-baiano é imediatamente posterior ao vicentino, reforçado no erguimento da cidade de Salvador e na instalação da monocultura do fumo na várzea do rio Paraguassu, no fundo do recôncavo. Canaviais e engenhos aí se implantam multiplicando-se e disputando a primazia juntos num primeiro momento. O núcleo pernambucano, epicentro econômico da Colônia no auge do ciclo, extrai a primazia da condição privilegiada de solos férteis e profundos de suas várzeas, o massapê, e da localização mais próxima dos mercados europeus. A cana e o engenho aí se instalam já em 1537, avançando na segunda metade do século XVI pela várzea do rio Capibaribe, seguindo para as áreas de matas e massapê do São Lourenço e dos Guararapes, nas proximidades de Olinda, sede da capitania, daí se expandindo para o sul, em conflito com os indígenas caetés, aliados dos franceses, a caminho do rio São Francisco, onde canavial e engenho chegam no fim do século a Alagoas, então parte da capitania de Pernambuco, no rumo sul, e em conflito com os indígenas potiguares, também aliados dos franceses, a caminho da várzea do rio Paraíba, na Paraíba, e do rio Potengi, no Rio Grande do Norte, no rumo norte, numa reprodução no espaço da diferença climática da mata sul e mata norte, a mata úmida e a mata seca, respectivamente. É a área já ocupada pelas feitorias de Itamaracá e Igarassu, a igual que Santa Cruz na Bahia, e de ocupação, desde o rio Real até o baixo Potengi, de onde os franceses serão expulsos, seguida da expansão canavieira. O longo arco estendido do recôncavo baiano à foz do rio Potengi, juntando os núcleos baiano e pernambucano, era, entretanto, quebrado em sua ligação terrestre justamente pelas interrupções das ocupações francesas, aí instaladas desde o rio Real ao baixo Potengi, onde o pau-brasil era o de melhor qualidade de todo o litoral. Aliados dos povos indígenas habitantes, como antes os povos indígenas do Rio de Janeiro, os franceses aí se fixam com suas feitorias, obrigando os portugueses a também daí os expulsar. Trava-se, então, no curso da passagem do século XVI para o século XVII, período da União Ibérica, uma sequência de intensos e prolongados combates de expulsão e desalojamento, encerrados por fim com a vitória luso-espanhola. Abre-se a comunicação terrestre ao longo da faixa costeira, por onde a cana e o engenho livremente se expandem, formando-se, com a breve interrupção da foz do São Francisco, da Bahia às áreas mais úmidas do Rio Grande do Norte, uma extensão contínua de domínio canavieiro-açucareiro. Ela é a base da economia da zona da mata nordestina e da Colônia com epicentro em Pernambuco. Com ela, em pouco tempo aí se ergue uma sociedade que já no século XVI "rivalizava, em luxo, com Lisboa, os nobres usando baixelas de prata, consumiam produtos da Índia e da China, usavam cavalos ajaezados e suas esposas palanquins orientais" (Cardim, apud Melo, 1969). Essa é a razão da invasão holandesa, empurrada pelos efeitos da União Ibérica, que proíbe a continuidade da relação existente desde o início da instalação do ciclo açucareiro de Pernambuco com o mercado da finança e de consumo holandês. Invasão que, de 1630 a 1654, numa sobreposição justamente da área de polarização pernambucana, desde Alagoas até o Ceará, até onde chega a influência direta de Olinda, torna a zona da mata e mais além domínio holandês por 24 anos. É, por sinal, o começo da decadência da economia do açúcar e da centralidade nordestina. Só aqui e ali quebradas por lampejos de volta do tempo de auge da polaridade de Pernambuco.

No curso do final do século XVII e corrente do século XVIII, os dois grandes núcleos estão formados. A área pernambucano-baiana está em descenso, mas as áreas de cultivo da cana e de moagem do engenho se multiplicam por outras faixas da Colônia, embora sem grandes efeitos para além delas mesmas. E com o mesmo padrão geral de arranjo, de canaviais, engenhos, aglomerados urbanos, ilhas de policultura articulados aos solos de matas e curso dos rios, e do gado na circundância de campos e cerrados. Solucionado o problema da reposição da força de trabalho; o da compensação das sesmarias na contabilidade dos custos de equipamentos do engenho; da função reprodutora da força de trabalho da policultura e da fazenda de gado; da atenuação dos custos dos fatores de produção terra, trabalho e capital; da razão das sesmarias; da coabitação dos setores de subsistência e do fumo na relação com a monocultura; da relação monocultura-policultura (latifúndio-minifúndio) como forma de estruturação geral da agricultura e de integração agricultura-indústria (canavial-engenho) num só sistema de organização geográfica da economia. Por seu turno, a área dos subnúcleos vicentinos vê se alterar a correlação entre eles, tanto um quanto outro sofrendo forte mudança. O subnúcleo monocultor do litoral praticamente se eclipsa. O policultor do planalto hiberna na centralidade do auge e declínio do mercado de indígenas, quando a policultura de autossubsistência e de mercado passa a existir dentro do sistema de preação, sobrevivendo e se recriando dentro do descompasso do mercado da preação trazido pela consolidação do trabalho do escravo de origem africana, à espera de encontrar na emergência do ouro do planalto das minas uma forma de sobrevida e permanência.

Com esse formato, o ciclo da cana se desdobra em novos núcleos, sobretudo no Maranhão, no Rio de Janeiro e no planalto de São Paulo. No Maranhão, ainda no correr do século XVII, nos vales do Itapecuru e Pindaré-Mearim. No Rio de Janeiro, no século XVII na Baixada Fluminense, logo se transferindo no século XVIII para o norte do estado, para os solos férteis de massapê amarelo do baixo rio Paraíba do Sul, em Campos de Goitacazes.

No planalto de São Paulo, também no século XVIII, no quadrilátero formado por Sorocaba, Piracicaba, Mogi Guaçu e Jundiaí, na depressão periférica. Vindo o Rio de Janeiro e São Paulo a aproximar-se da primazia de Pernambuco no século XIX. Sucede que o final do século XIX é um período de crise e reformas, seja nas relações de trabalho, seja nas forças produtivas e seja no perfil do mercado. O engenho dá lugar ao engenho central, logo substituído, por sua vez, pela usina, em uma grande transformação das forças produtivas. Unidade de maior capacidade de moagem, a usina produz uma grande transformação, trazendo o ciclo açucareiro para a forma moderna de produção da era industrial. E obriga a lavoura a também modernizar-se, com novas técnicas e espécies de cana. Mas a transformação se dá, sobretudo, no sistema de circulação e de escoamento, na circulação com a introdução da ferrovia, mais rápida e com maior capacidade de transporte, o que permite à usina ir buscar e trazer a cana de grandes distâncias e funcionar em plena capacidade de moagem; reordenar a imediatez e mediatez do espaço da zona da mata; fechar a maior parte dos engenhos, tornados engenhos de fogo morto, seus proprietários transformados em fornecedores, um segmento social então multiplicado, e a propriedade fundiária concentrada fortemente. No escoamento, com a reestruturação da infraestrutura portuária das cidades-portos do litoral, seu consequente rearranjo urbano e crescente destinação de parte do produto para o mercado interno, compensando a perda da primazia internacional que a produção açucareira nacional vai perdendo desde a expulsão holandesa e o surgimento da concorrência da produção caribenha – aí introduzida justamente pelos holandeses, ao lado dos ingleses, quando da saída de Pernambuco – e do açúcar de beterraba, de presença avassaladora no mercado europeu desde as guerras napoleônicas. Fato este que vai diferenciar o perfil da indústria açucareira paulista, obrigada a concentrar-se na produção de aguardente e rapadura, e enfrentar a presença da produção pernambucana, dona do mercado interno de açúcar, no mercado paulista e carioca até a primeira metade do século XX, quando a primazia passa para as usinas de São Paulo. Fase que culmina na chegada da produção do álcool combustível, o etanol, a usina se transformando numa indústria sucro-alcooleira, parte permanecendo em São Paulo e parte indo migrar para o planalto central, juntando-se à marcha da expansão e transformação em um complexo da cadeia agroindustrial da soja.

O OURO

O ciclo do ouro, seguido dos diamantes, faz uma inflexão no trajeto. Um trajeto de agroindústria. Fruto direto do ciclo do bandeirismo de preação e do ciclo do gado nordestino, externamente à política do metalismo – que desde o começo distingue a colonização hispânica da colonização portuguesa –, o ciclo do ouro, ao contrário da cana, entroniza a interiorização sistemática da colonização portuguesa e a estruturação da Colônia como uma sociedade de natureza mínero-urbana. Seu processo de constituição é decorrência, de um lado, da direção que toma o bandeirismo de preação após o fim do mercado de escravo indígena e, de outro lado, do rumo que toma a expansão do ciclo do gado nordestino até então vinculado às demandas de carne e couro da zona da mata açucareira.

O ouro e a prata são, na verdade, o projeto colonial português desde o começo sonhado e perseguido em todo o correr dos séculos XVI e XVII na forma das entradas e bandeiras, em paralelo ao investimento no ciclo do pau-brasil e no ciclo da cana e engenho enquanto formas de tomada de fato da ocupação da Colônia ameaçada por franceses, ingleses, holandeses e espanhóis, formas alternativas à não descoberta, ao contrário da colonização espanhola, dos recursos metálicos objeto do seu desejo. Daí que as entradas partam justamente das áreas de exploração florestal e canavieiro-açucareiras do litoral, usando as vias de acesso interiorano que oferece o feixe de paralelas do curso dos rios (Paraguaçu, Caravelas, Jequitinhonha, Mucuri, Doce) que descem da muralha interiorizada para o deságue no Atlântico. E as bandeiras do subnúcleo vicentino do planalto, que, já interiorizado, perscruta o território para o além de Tordesilhas em busca de indígenas para o trabalho na policultura de autossubsistência e mercado interno do seu modo de produção e existência familiar-patriarcal, ao mesmo tempo que atende a demanda de trabalho dos núcleos canavieiros do litoral, depois nordestinos, de olho na descoberta das minas. Essa busca contínua e incessante finda com a descoberta do ouro nos fins do século XVII, em 1687, nas montanhas de Minas Gerais, na região de Caetés, de onde a mineração irá se espalhar ao longo do século XVIII pelo planalto da Bahia e pelo horizonte infindo de Mato Grosso e Goiás. Nas montanhas de Minas Gerais e da Bahia, o bandeirismo se encontra com o fluxo de gado que sobe o vale do rio São Francisco, vindo de Pernambuco, pela margem esquerda, e da Bahia, pela margem direita, levando as fazendas de gado a alcançarem as áreas do alto curso, onde justamente se dará a descoberta. Já antes era um percurso realizado pelas entradas, sobretudo as oriundas das capitanias da Bahia, de Ilhéus, de Porto Seguro e do Espírito Santo, alimentadas pela ideia da ocorrência da prata e do ouro tal qual ocorria nas áreas de igual latitude dos Andes peruanos, áreas hipoteticamente compartilhantes de um mesmo pacote geológico, a indicar a coincidência do paralelo.

Iniciado no século XVI devido à demanda de trabalho escravo nos canaviais e engenhos do litoral, o bandeirismo tem sua grande expressão justamente no século XVII, quando, redobrado pela demanda do trabalho indígena holandês em Pernambuco, alarga sua ação sobre as missões jesuíticas da bacia do Paraná, após o que se lança sertão central adentro. Relacionado até então ao mercado vicentino, limita-se às circunstâncias do planalto paulista, descendo até as tribos do vale do Paraíba, subindo daí para o planalto de Minas Gerais e descendo no sentido contrário para o litoral paulista e paranaense, então partes da capitania de São Vicente. O bandeirismo prende-se, então, ainda à economia familiar-patriarcal de autossubsistência e de mercado interno, sinônimo de área canavieira paulista e da cidade do Rio de Janeiro, sem os traços preadores e paramilitares que vai adquirir em seguida com o estímulo do mercado nordestino. Quando, então, é instigado pela demanda que daí vem com a interdição do fluxo de escravos africanos em razão da invasão holandesa, lança-se sobre as reduções jesuítas do vale do Paraná, mais distantes do planalto, ao fim das quais, derrotados pela reação militar das missões, desloca sua atenção para a vastidão do planalto mineiro e central, e a preação torna-se mais organizada, ganha forma mais aparelhada, subjaz a economia familiar-patriarcal e vira um modo de vida. Fases que dão aos paulistas do planalto o conhecimento e a estrutura que vão capacitá-los aos propósitos que no fundo os movimentam e movimentam a Colônia. Os propósitos da descoberta e exploração do ouro e prata demandados pelo metalismo europeu. Coalhada de vilas e cidades nascidas das primeiras incursões e das preocupações da Coroa com as pretensões territoriais espanholas do litoral sul, a região circundante da primeira fase é justamente aquela sobre a qual vão eles inicialmente concentrar suas buscas mais intensas e sistemáticas. Áreas pobres de ocorrência, prospecções e extrações se sucedem em Jaraguá, Itanhaém, Iguape, Cananeia, Paranaguá, Curitiba, povoados e vilas preexistentes ou surgidos dessa mineração, logo abandonadas. Ao mesmo tempo que se continua a busca das descobertas no planalto central, na ilharga da preação, apoiadas na logística de parada e pouso dos arraiais. E no planalto mineiro, pelo vale do Paraíba do Sul, através das passagens tectônicas abertas da serra da Mantiqueira. Onde, por fim, descobre-se o ouro alojado no vasto sítio geológico arqueano-algonquiano do retângulo formado pelo alto rio das Mortes, na bacia do Rio Grande, afluente mineiro do rio Paraná, e alto rio das Velhas, na bacia mineira do rio São Francisco. Sítio que vai sediar por todo o correr do século XVIII o epicentro do ciclo da mineração, com a descoberta, em 1693, das minas de ouro de Itaverá e, em 1729, das minas de diamante no alto sertão da Bahia. Até que se abrem as descobertas, na segunda metade do século XVIII, em 1730, das minas do Mato Grosso e de Goiás, alargando a área territorial do sítio da mineração.

A forma inicial da mineração é a de faiscação, mais simples, ágil e de baixo custo, no curso médio dos ribeirões descidos das montanhas circundantes. À base da ocupação em arraiais, o povoado de instalação e desinstalação imediata, habitual das paradas e pousos provisórios do bandeirismo. Aí a terra é distribuída em datas, tratos de área de extensão de 30 braças (em torno de 66m^2), recortada em quadra onde se dá a descoberta, segundo um ritual de doação primeiro ao descobridor do veio, seguido dos detentores de escravos, por fim de quem de interesse, reservando-se a parte do rei, a ser repartida em leilões. Um sistema distinto do regime de grandes propriedades, das áreas de *plantation* da cana e engenho, aqui se priorizando as datas, os tratos de terra equivalentes a pequenas e médias propriedades, por isso gerador de uma sociedade de regras societárias e relações de sociabilidade mais aberta, ainda que escravocrata. E menos socialmente estratificada, sobretudo nesta primeira fase, de faiscação, de baixa exigência de recursos técnicos, e mais baixo custo de investimento, quadro social que muda para uma estratificação mais clara quando da passagem à segunda fase, a da exploração em veios de profundidade, exigente em recursos de desembaraçamento do ouro por meio da técnica de jatos d'água e emprego de rodas propulsoras dos jatos, mais exigente em recursos em capitais e limitados a pessoas de mais posses. Ainda assim atenuada pelo caráter urbano da sociedade que aí se implanta.

Sítio de matas e cerrados cortados por número incomensurável de ribeirões voltados para as bacias do rio Grande-Paraná e do São Francisco, neles se instala a profusão de arraiais que dão início ao ciclo. Arraiais que nascem com a mesma rapidez com que desaparecem, pulando de um ribeirão para outro aos primeiros sinais de esgotamento da faiscação, espalhando aglomerados urbanos por todo o planalto, sem fixação definitiva de povoamento e regularidade de produção, levando a Coroa a trocar sistematicamente a regulamentação da distribuição das lavras, ordenação dos núcleos urbanos e controle administrativo e fiscal da produção do ouro, o que retarda a determinação do regimento das minas, que só vem em definitivo em 1702, com a exploração aurífera a caminho da consolidação. Preocupa a Coroa o afluxo constante de imigrantes vindos de todas as partes da Colônia e do Reino, que não cessa em demanda da região das minas. E a ocorrência incontrolável do contrabando, facilitado pela própria instabilidade e irregularidade do povoamento, com fortes reflexos na arrecadação dos dividendos pela metrópole.

No fundo, o regimento de 1702 é uma atualização dos regimentos de 1603 e 1618 – do tempo ainda da mineração do núcleo vicentino, de inspiração filipina que se mostra inadequada para a realidade do arranjo muito fluido da arrumação espacial do ciclo brasileiro, e busca encontrar uma ordenação administrativa mais confortável com a forma da sociedade que aí surge. O regimento de 1702 dando-lhe um ordenamento civil ao mesmo tempo rígido e flexível que estimule a multiplicação das descobertas e ao mesmo tempo não as deixe sem regras, organizando a sociedade urbana do planalto mineiro de um modo próprio ao mesmo tempo que equivalente ao regulamento que rege a sociedade agroindustrial da *plantation* açucareira do litoral. Áreas de modos de produção e existência distintos, mas de uma mesma formação colonial. O regimento procura ainda dar forma administrativa à territorialidade de forte tendência dispersiva, agregando as descobertas por grupos de áreas, regionalizando o controle das lavras, e também mantendo o princípio do estímulo à multiplicação. Para isso, elevam-se os arraiais ou vilas mais bem situados a centros regionais de administração, nascendo então Mariana (antes Vila do Ribeirão do Carmo), Vila Rica (Ouro Preto), Vila Real de Sabará, Vila Nova da Rainha, Caeté, Vila de Pitangui, Vila de São João Del-Rei, Vila de São José Del-Rei (Tiradentes), Vila do Príncipe.

Pesa também nessa tomada de medidas, ao lado da administração e do controle do fisco, a dirimição do conflito entre paulistas, descobridores das minas e então transformados de bandeiristas em mineradores e administradores das áreas de lavras, e imigrantes, os emboabas, considerados invasores, vindos das capitanias do Maranhão, de Pernambuco, da Bahia, via vale do São Francisco, de Ilhéus, de Porto Seguro e do Espírito Santo, via o Jequitinhonha e o Doce, como antes fora de São Paulo e Rio de Janeiro, via vale do Paraíba do Sul, e ainda reinóis, vindos diretamente de Portugal, via eixo Rio-São Paulo, atraídos pela eclosão das descobertas, que leva a área de mineração a explodir em 1710 em forte conflito armado, a Guerra dos Emboabas, obrigando a Coroa a intervir. Primeiro transformando a área conflagrada na capitania de São Paulo e Minas do Ouro, com sede em São Paulo, esta elevada à vila em 1711, tornando-a independente da administração do governo do Rio de Janeiro, a que estava então subordinada. Em seguida, separando-a em duas, a capitania de São Paulo, com sede em São Paulo, e a capitania das Minas do Ouro, com sede em Vila Rica, interiorizando a divisão da Colônia em capitanias, até então restritas às áreas litorâneas.

São medidas que estimulam e preveem a implementação e o desenvolvimento de novas técnicas de extração, face aos sinais de esgotamento das áreas de faiscação, o descolamento e deslocamento da mineração e do povoamento do curso médio dos ribeirões para o alto das nascentes montanhosas, o abandono do povoamento fluido e inconstante da fase dos arraiais e a passagem à fase do povoamento estruturado e fixo das vilas e cidades erguidas na região montanhosa dos veios. Assim, resolvem-se também os efeitos do rápido incremento demográfico que então ocorre, chegando a 30 habitantes por volta de 1710, a caminho dos mais de

100 mil habitantes em 1750, o que acarreta problemas agudos de abastecimento alimentício e devastação das reservas de matas, num acampamento do ciclo do ouro e da exploração florestal que de imediato se espalha pelo planalto, obrigando a intervenção e criação de políticas de ordenamento do espaço urbano em rápida expansão.

Aumenta com isso a remessa do quinto do ouro – de 725 kg em 1699, para 1.785 kg em 1701, 4.350 kg em 1703, 14.050 kg em 1712 – para a metrópole. Que se amplia com a entrada em produção das minas do Mato Grosso (Cuiabá, Vila Velha, Coxipó-Mirim) e de Goiás (Vila Bela) a partir de 1730, bem como o volume do contrabando. Quadro que leva a Coroa à criação, de um lado, das Casas de Fundição em São Paulo e, estrategicamente, Taubaté, ponto de subida do vale do Paraíba para o quadrilátero das minas pela passagem da Mantiqueira, e, de outro lado, à militarização e proibição do uso dos caminhos de escoamento do ouro sobretudo pelas vias de passagem do gado, pago em ouro em pó, pelo vale do São Francisco, além do caminho para São Paulo, o caminho velho do Paraíba do Sul, orientando o escoamento para o caminho novo do Rio de Janeiro, de mais fácil controle e vigilância. A cidade do Rio de Janeiro e seu porto no centro da saída do ouro para Portugal se transformam e é eliminado o poder de deliberação das Câmaras através da rigorosa centralização da máquina de governo. Essa verticalização dirigida para a região das minas e a política da derrama que logo se segue são a origem da sucessão de conflitos que explodem entre 1720, data da revolta de Felipe dos Santos, e 1798, data da Inconfidência Mineira, num indicativo de esgotamento do ciclo.

O caráter interiorano e urbano do ciclo do ouro muda por completo o quadro socioespacial da Colônia. A contar da escala de acampamento que envolve, comparada à escala de abrangência espacial e entrecruzamento estrutural dos ciclos combinados da cana e do pau-brasil. Atomizado e interioranamente planaltino, o ciclo aurífero une também, tal qual os ciclos conjuminados da cana e do pau-brasil, todas as diferentes áreas da Colônia, mas aqui na dialética reversa das ondas de uma pedra jogada em uma lagoa, que, ao contrário de formar um acampamento de círculos divergentes que se abrem em ondas para a periferia como na cana e no pau-brasil, formam um movimento de círculos convergentes que fluem das beiradas para ir juntar-se no ponto único do centro.

Um primeiro círculo de convergência são os elementos que vêm, de um lado, do planalto paulista policultor e preador e, de outro, do litoral da cana e engenho da zona da mata nordestina. Do planalto paulista vêm os mineradores com o conhecimento que trazem como sendo os primeiros que realizaram na Colônia a experiência da prospecção e lavra do ouro (e prata) nas áreas pobres de mineração da capitania, o aporte do recurso monetário inicial acumulado no comércio e preação bandeirista e o contingente de escravos indígenas e homens livres daí deslocados para tentar a sorte no planalto mineiro. Da zona da cana e do engenho nordestina vem o contingente de escravos negros que será a força de trabalho das datas e mesmo parte da classe senhorial, atingida no negócio do açúcar pela crise resultante da guerra de expulsão holandesa. A que se segue o feixe de círculos seguintes de comerciantes, profissionais liberais, artesãos, sacerdotes, aventureiros oriundos de todos os cantos, que enchem as minas e as cidades de vida social e conflitos de disputa de descoberta de veios e distribuição de lavras. Círculos convergentes cuja contrapartida é o esvaziamento e declínio das áreas de origem dos imigrantes. Como São Paulo e Rio de Janeiro, que só com o tempo voltam a se recuperar, em parte por se tornarem centros de abastecimento alimentício e de todos os tipos de serviços, junto aos sertões do nordeste e sul, transformados em fontes de abastecimento de gado e produtos agrícolas, respectivamente. O abastecimento é atraído pela demanda de uma sociedade de cunho minerador e urbano, para a qual a lavra toma todo o tempo, reforçada no sítio montanhoso em nada favorável a uma ocupação agrícola e pastoril, mas monetarizada, ou que paga em ouro em pó, sendo obrigada à recorrência de suprimentos vindos de fora. Só com o tempo gado e lavoura penetram no quadrilátero mineiro, ao lado do surgimento da indústria e do artesanato. O retângulo é também uma área de minério de ferro. Rio de Janeiro e São Paulo, sobretudo tornando-se, por conta da circundância imediata, os centros principais de produção e abastecimento. No Rio de Janeiro, com a instalação da produção alimentícia e do plantio de cana e do engenho de aguardente e de açúcar, para aí expandidos da baixada guanabarina, no longo do eixo do caminho novo, junto à prestação de serviços da estrada.

Em São Paulo, com a reativação da economia de subsistência de mercado interno do milho e da criação de aves e suínos, já levada para o planalto mineiro pelos paulistas com seus hábitos de consumo, a que acrescentam a cultura de cana e o engenho, ao longo do eixo do caminho velho do vale do Paraíba. São atividades em pequenos sítios que não demoram a subir e espalhar-se por entre as lavras. E vão ser o ponto de partida com o declínio da mineração de uma diversificação econômica incluindo o quadrilátero da mineração (região central), oeste (Triângulo Mineiro), sul (zona sul do planalto) e leste (zona da mata), disseminando o planalto de fazendas de cana e engenho, para produção de aguardente, de fumo (consumido em rolo picotado), de algodão nativo, transformado localmente em indústria de pano, de sítios de policultura de milho, mandioca, arroz e criação avícola e ovina, base da alimentação paulista tornada mineira, de gado leiteiro, fonte da multiplicação da indústria de laticínios, entrecruzados num múltiplo de acamamentos com as lavras remanescentes e cidades.

É o gado, entretanto, vindo dos extremos, o elo maior do todo com a área de mineração como ponto convergente da Colônia. O gado que vem do norte, em sua relação genética com a *plantation canavieira* da zona da mata nordestina, e do sul, em sua relação com as missões jesuítas e conflitos de fronteira do pampa gaúcho, e chegado ao planalto mineiro se espalha junto ao espraiamento da mineração pelo Mato Grosso e Goiás no planalto central.

O gado nordestino vem da ligação umbilical com a *plantation*, onde é introduzido junto à cana e o engenho para o fornecimento de couro e carne, transporte e moagem da cana. Localizado inicialmente nas áreas de solos pobres do topo dos interflúvios e terraços arenosos da costa rejeitados pela cana e trechos de mata esgotados e abandonados pelos canaviais, onde também se aloja a policultura de subsistência, aí se multiplica e torna-se um inconveniente para as culturas. Proibido por determinações da Coroa de aí permanecer à medida que o rebanho aumenta, o gado se desloca para as áreas mais distantes do agreste, de onde avança e se dissemina sertão adentro, desdobrado em duas correntes, a baiana do sertão de dentro – seguindo a trilha de Salvador, Jacobina, alto Canindé e alto Gurgueia, num percurso Bahia-Píauí-Maranhão – e a pernambucana do sertão de fora – seguindo a trilha do Recife, Borborema, Cariris, Ibiapaba, norte maranhense, num percurso Pernambuco-Paraíba-Rio Grande do Norte-Ceará-Piauí-Maranhão –, ambas correntes que têm o Maranhão como ponto de convergência (Andrade, 1973).

O gado, então, acompanha os rios em busca seja da água, seja dos barreiros de sal, e contorna a caatinga mais seca e densa que encontra ao longo da caminhada. O rebanho aí para, descansa e se recupera, ao mesmo tempo que implanta a logística de pouso e subsistência que vai ser usada por outros que venham pelo mesmo caminho. Depois, atravessa o vau e segue em frente rumo à linha do horizonte, coalhando entre as fazendas de gado espalhadas e dispersas pontos de povoados e núcleos de lavoura de subsistência onde encontre ilhas de serra úmida, muitos deles pontos de bifurcação de caminhos. São lugares de fixação, onde, nas extensões ao largo, junto às fazendas, instalam-se açudes, fincam-se locais de troca. Nesse deslocamento sem fim, onde a água, o sal, a carne e a farinha são tão importantes quanto os pontos logísticos, o couro é o acessório de importância-chave, dele vindo a matéria-prima da corda, da bolsa para a guarda da água e do sal, do alforje para a comida, da mochila para o milho do cavalo, do arreio, da roupa apropriada para o enfrentamento da caatinga, da bainha da faca, da porta e divisória da cabana, do leito. Instalada a fazenda, a criação permanente toma o lugar da andança sem fim, a morada ganha sua estrutura, a policultura de subsistência, a sua presença estável. Ergue-se a casa do fazendeiro, o curral, a casa do peão, empregado da fazenda no número que se faz necessário, pago pelo serviço de cuidar do gado com um bezerro a cada quatro nascidos, indício de sua possibilidade de também vir a tornar-se fazendeiro, a roça da policultura tocada pelos poucos escravos do sertão pecuário. Forma-se sobre essa base uma sociedade tão autárcita e autossuficiente quanto a sociedade da *plantation* do litoral. Uma autarcia em que, tipicamente, a vida social está ligada às festas, às celebrações religiosas, aos registros civis da igreja do povoado.

Chegado ao Piauí e Maranhão é quando se dá o retorno do gado aos pontos de origem. Ele atravessa a imensidão do planalto semiárido para abastecer de carne e couro as cidades da circundância, a caminho da agora longínqua sociedade açucareira da zona da mata, gado do sertão e produtos agrícolas da zona litorânea se encontrando nas feiras de Vitória da Conquista e Feira de Santana, na Bahia, Caruaru e Garanhuns, em

Pernambuco, Campina Grande, na Paraíba, onde a troca por produtos de um e outro lado vai se instalando no agreste. Movimentação regular e permanente que com o tempo estimula o surgimento no litoral cearense – juntando a carne e o sal da faixa marítima – da indústria do charque, mais prática e mais segura de transporte, logo tornado junto à farinha a alimentação da população que aí vai se multiplicando. É esse percurso que, bifurcando-se no trajeto na altura de Juazeiro e Petrolina, na fronteira da Bahia e Pernambuco, onde o rio São Francisco se estreita, vai dar no fluxo que, numa direção, continua o rumo das feiras e, noutra direção, sobe o vale do São Francisco, rumo ao caminho que vai dar nas áreas de mineração de Caeté, Sabará, Ouro Preto do planalto mineiro.

O gado sulino vem das missões jesuíticas e dos castelhanos platinos, e dos envolvimentos conflitivos de espanhóis e portugueses por questões de fronteira. Gado deixado solto e asselvajado seja pelas missões, seja pelos castelhanos, que incursões paulistas que descem ao pampa vão apresar e trazer para o comércio em feiras do planalto paulista com a região das minas. É um gado, diferente do nordestino, bovino para couro e carne, cavalar para as fazendas de São Paulo e muar para o transporte nas áreas acidentadas do planalto mineiro. Se a manada de gado castelhano tem explicação pouco clara, a do gado missioneiro tem origem em geral na destruição das missões jesuíticas dos rios da bacia do Paraná no começo do século XVII. Estas foram reconstruídas na região missioneira do noroeste do Rio Grande do Sul, primeiro, pelo bandeirismo, quando jesuítas e bandeiristas se confrontaram face à preação paulista de indígenas das missões a partir de 1610, data da primeira incursão de preação, até a derrota militar dos bandeiristas para os jesuítas em 1644, quando as incursões têm fim. Depois, pelos acertos dos tratados de fronteira de Portugal e Espanha no século XVIII, que trocaram a Colônia do Sacramento, cedida por Portugal à Espanha, e a região das missões, cedida pela Espanha a Portugal, transação não aceita pelos jesuítas e povos guaranis. Esse fato levou à guerra e partilha final das duas áreas, sendo que as guerras guaraníticas puseram fim à região das missões. É um percurso de tempo-espaço que primeiro leva as missões, em fuga, a se deslocarem para a margem direita do rio Paraná, deixando para trás suas reduções destruídas do Guairá e Tape, e depois, com o retorno à margem esquerda, leva à formação dos Sete Povos das Missões (São Nicolau, São Luís, São Lourenço, São Borja, Santo Ângelo, São João Batista e São Miguel), destruídas pelas guerras ocasionadas pela distribuição territorial entre Espanha e Portugal determinada pelos Tratados de Madri (1750) e Santo Ildefonso (1777), contemporâneos do auge e declínio da mineração. Cada etapa é seguida da instalação e abandono dos rebanhos, levando o gado a espalhar-se de modo arredio e solto pelo pampa, onde as incursões paulistas, agora em preação de gado, vão capturá-los e trazê-los em movimentos regulares ao longo do caminho que dá acesso do pampa às feiras em São Paulo, os rebanhos para comércio de gado. É um caminho em busca contínua de um roteiro adequado de deslocamento. De início bordejando o litoral, já conhecido pelo movimento de tropas que, ora por via marítima e ora por via terrestre, se deslocaram para defesa e conquista da costa e da fronteira terrestre da área em disputa entre as Coroas pelo direito territorial do trecho sulino, cada qual interpretando o termo de limite do Tratado de Tordesilhas ao seu jeito.

Essa disputa dá origem à criação, em 1680, da Colônia do Sacramento, à margem esquerda do rio da Prata, em frente a Buenos Aires, cidade criada pelos castelhanos antes da fundação de Colônia do Sacramento, o que levou Portugal a também elevar o Rio de Janeiro a uma condição de sede sulina da administração colonial portuguesa. Mas, com a descoberta do ouro, essa condição levará a área de mineração a ser posta sob a jurisdição da capitania do Rio de Janeiro, até que a eclosão da Guerra dos Emboabas leve a Coroa portuguesa a erigir São Paulo e Minas do Ouro a capitanias independentes, com sedes e governos próprios, e à fundação da futura capitania de Rio Grande de São Pedro. Então, o caminho do gado sulino segue da região interior do Sacramento até a costa, daí bordejando a lagoa Mirim e dos Patos no então Rio Grande de São Pedro, sobe até Laguna, no litoral atual de Santa Catarina, de onde sobe e atravessa a serra do Mar, ao encontro do caminho dos campos elevados do planalto meridional, alinhado ao longo da calha da depressão periférica, roteiro pelo qual o rebanho chega, por fim, a São Paulo. A dificuldade do roteiro acidentado leva, por fim, ao caminho definitivo, aquele que do Sacramento segue a depressão do Ibicuí-Jacuí via Rio Pardo, parte da depressão periférica entre o pampa e a escarpa do planalto meridional (a serra Geral), atravessa a escarpa em Vacarias e Viamão, acima de Porto Alegre, e vai continuar, já planalto meridional, através da fronteira atual do Rio Grande do Sul e de Santa Catarina, até o trecho já conhecido da depressão periférica, alongada entre a serra do Mar e a serra Geral, uma calha análoga à do rio São Francisco que foi usada para a subida do gado nordestino ao planalto mineiro. E com a mesma analogia de multiplicação de fazendas (no pampa, nas estâncias) de gado e povoado por ambas as calhas e circundâncias (na calha sulina, o planalto meridional).

As ondas de chegada do gado vindas do nordeste e do sul coincidem com o momento de descoberta e multiplicação das minas do Mato Grosso e de Goiás, e dos veios de diamantes da Bahia, ambas a partir de 1730, levando gado, fazendas e povoados a irem se espalhando junto ao espraiamento das minas por todo o horizonte do planalto central. O acamamento gado-ouro une o fundo do ciclo da cana nordestino e o fundo do ciclo de enfrentamentos de bandeirismo e missões jesuíticas sulino, das trilhas do Maranhão e Piauí por terras de Pernambuco e Bahia, via a calha do São Francisco, e das trilhas do Rio Grande do Sul por terras do Paraná e Santa Catarina, via a calha da depressão periférica, além dos fluxos de vaivém pela calha do Tocantins e afluentes da margem direita do Amazonas, em círculos convergentes ao centro de gravidade da área de mineração, unificando, assim, a totalidade do território ainda disperso e não integrado da Colônia. Junta todos os pedaços num só todo.

O planalto mineiro está, então, centrado por cidades com suas igrejas, monumentos, ruelas, sobrados, córregos e montanhas, num espectro de vida social e acamamento urbano que se repete quase igualmente às áreas auríferas e diamantíferas do Mato Grosso e Goiás à Bahia, tendo em seu entorno largos círculos de mares de fazendas de monocultura e ilhas de policultura em áreas de mata, fazendas de gado e policultura em matas galerias nas áreas de cerrado, campos e caatinga, e do extrativismo das drogas do sertão nas áreas de floresta que o circundam. No século XVIII, o planalto mineiro vira o centro social e político da Colônia. Sob seu impacto, o centro de gravidade se desloca da zona da mata açucareira para a zona interiorana da mineração, a interação litoral-interior/interior-litoral muda de conteúdo e direção e o Estado se ramifica em novas capitanias, desdobradas por uma territorialidade interiorana que transborda agora do acanhado litoral de antes.

DO CAFÉ À SOJA

O ciclo do café nasce à ilharga do ciclo da mineração, brotado no arco de periferia – o vale do Paraíba do Sul e o planalto paulista – do planalto mineiro. Os núcleos iniciais do ciclo são as áreas espalhadas pela trilha fluminense, paulista e mineira de escoamento do ouro, por onde o café já transita entre os cultivos alimentícios e de cana, localizando-se entre as paradas e pousadas espalhadas pelos caminhos do ouro. Aí, o ciclo do café já encontra acumulados os capitais e a força de trabalho de que vai necessitar para progredir como monocultura. A essa trilha se segue o planalto paulista, para o qual a cafeicultura sul-paraibana com o tempo se desloca e onde o ciclo do café ganha novo formato e atinge seu auge.

O ponto de partida da fase paraibana é o cinturão de cultivos que, por volta de 1830, se instala ao redor da cidade do Rio de Janeiro, e daí se desloca para o arco montanhoso da serra do Mar, de onde se passa para o vale, aí se assentando nas áreas contíguas dos estados do Rio de Janeiro, Minas Gerais e São Paulo, à base do trabalho escravo. Diferentemente do plantio da cana e da produção do açúcar, que já chegam à Colônia com o conhecimento empírico do cultivo e industrialização, investimento de capitais e comercialização trazidos das ilhas portuguesas do Atlântico (Madeira, Açores e São Tomé), o sistema de cultivo e beneficiamento do café vai ter que ser criado. Daí a importância da fase preliminar do entorno da cidade do Rio de Janeiro. Introduzido no Brasil por volta de 1827, quando o ciclo do ouro e dos diamantes já está em franco declínio e o ciclo do açúcar ainda não havia de todo se recuperado da longa crise holandesa do pós-guerra, o café vai transitar por hortas e granjas de todas as províncias (nomenclatura com que as capitanias passam a ser designadas com a transmigração da família real), Pará, Amazonas, Maranhão, Ceará, Pernambuco, Bahia, Mato Grosso, Goiás, Santa Catarina, até chegar às hortas e granjas do Rio de Janeiro, quando se torna uma cultura comercial (Canabrava, 1973).

O ponto de partida no vale paraibano fluminense são quatro áreas de implantação relativamente separadas, Resende, Vassouras e Valença, na parte ocidental, e Cantagalo, na parte oriental, que vão servir de polo de expansão, de um lado, o ocidental, para São Paulo, onde a cafeicultura se instala nas áreas fronteiriças de Areias e Bananal, de outro, o oriental, para Minas Gerais, onde avança por Muriaé e Cataguazes (Machado, 1993; e Sobrinho, 1978). Vão pesar a favor a disponibilização de terras em sesmarias pela Coroa recém-migrada para a Colônia (1808) e de capitais e força de trabalho escrava, que haviam sido transferidos respectivamente do planalto mineiro (atingido pelo fim do ciclo do ouro) e da zona da mata nordestina (que ainda enfrentava a crise do ciclo do açúcar), a presença de uma infra-estrutura urbano-portuária e de comercialização herdadas desses ciclos e, logo em seguida, a liberação de capitais pela abolição do tráfico de escravos de 1850. Mas vai pesar, sobretudo, a proximidade com a sede do governo central, na qual cedo a nobreza latifundiário-escravocrata do café aos poucos vai aumentando sua presença e ocupando cargos-chave na política e administração do Primeiro e Segundo Impérios. E disso também se beneficiam o vale e a cidade-sede do Rio de Janeiro. Bem como ainda de São Paulo. O governo central beneficia o baronato e o vale cafeicultor como sua área central de atenção, e o vale e seu baronato beneficiam o governo central como um sustentáculo do Estado nacional recém-implantado.

Estamos já longe do ponto difuso do começo. Estendida de 1830 a 1880, a fase sul-paraibana consolida o ciclo cafeeiro, ao mesmo tempo que abre para a passagem da fase de auge do planalto paulista, conhecendo nesse período uma grande transformação. Distinguem-se a cafeicultura fluminense e a cafeicultura paulista, fruto da ligação respectiva com o mundo aurífero do planalto mineiro, ligação orgânica e genética de São Paulo, e administrativa e política do Rio de Janeiro. A cafeicultura fluminense é o produto do caminho novo, aberto para organizar o movimento do escoamento e das importações da região mineira e para a função gestora da cidade do Rio de Janeiro sobre a produção e o controle do contrabando, obrigando a passagem pelo caminho novo como caminho único do transporte do ouro e dos diamantes. Por meio dele e suas vias transversais, tropas de mula descem e sobem a serra, engendrando pousos e paradas em Vassouras, Barra Mansa e Resende e áreas logísticas de plantio de culturas de subsistência, cana, engenhos de açúcar e de criação, numa relação com o interior que vai ser o ponto de partida para a instalação de fazendas de café no vale e na serra de parte de personalidades do governo central, além de comerciantes, beiradistas, pequenos e médios fazendeiros e mineradores vindos do planalto mineiro, através da concessão de sesmarias. A cafeicultura paulista, por sua vez, é o produto do caminho velho, via ligação de Guaratinguetá, em São Paulo, e Paraty, no Rio de Janeiro, desdobrando até o litoral a antiga passagem bandeirista ao planalto das minas, abrindo para a descida pelo vale de tropas de mulas da região aurífera aos portos marítimos de Paraty, Angra dos Reis, Mangaratiba e Manbucaba, com o mesmo efeito de povoamento de paradas e pousos, áreas de plantio e de criação da fronteira do Rio de Janeiro com a região das minas. Composição de caminhos que acaba formando uma extensão de espaço unida pelo eixo de ligação de Resende e Barra Mansa a Areias, Queluz e Bananal, logo estendida a Taubaté, Caçapava e Mogi das Cruzes na boca de entrada da cidade de São Paulo, toda ela beneficiada pela distribuição das sesmarias que vão dar na ampla disseminação da grande propriedade como base da cafeicultura e da emergência do baronato do vale. Assim, toda uma extensa área cafeeira nele se forma, de Vassouras, Valença, Resende, Cantagalo e Muriaé e Cataguazes a Taubaté e Mogi das Cruzes, dividida em grandes fazendas de café e eivada de conflitos de terras com aldeamentos indígenas e pequenos posseiros aí também historicamente instalados, que a formação da grande propriedade vai engolindo e a marcha contínua da expansão cafeeira vai dissolvendo e expulsando. Isso somado à devastação das matas que logo empobrece e esgota a riqueza natural que originara os quatro polos do Rio de Janeiro e os polos derivados de Minas Gerais e de São Paulo em curto tempo. Por isso, o café abandona aos poucos o vale como área decadente e desloca-se para a terra roxa, rica e promissora do planalto paulista.

O ponto de passagem é a área de Mogi das Cruzes, onde, em 1854, se instala o principal centro cafeeiro paulista, logo expandido para a área de Campinas, Bragança, Itu e Jundiaí, então centros canavieiros e urbanos instalados no século XVIII na depressão periférica em São Paulo, onde o café, ainda em 1836, entra e passa a coexistir com canaviais e engenhos para formar uma só área de transição ao planalto, atraindo capitais e força de trabalho escrava das demais áreas da cafeicultura paraibana. Quando, por volta de 1886, por fim o planalto substitui o vale do Paraíba como centro de gravidade do café (Milliet, 1982).

O café segue, todavia, diferentes fases no planalto. Algumas sucedidas, outras antecedidas à chegada da ferrovia. Elemento-chave dessa etapa do ciclo cafeeiro, a história da ferrovia marca e conta a história do café, regionalizando-a ao regionalizar-se. Uma história que caminha da fronteira norte com Minas Gerais à fronteira sul com o Paraná, e da fronteira leste para a fronteira oeste do estado de São Paulo. E para além, entrando no Mato Grosso e Goiás. Da Mogiana e da Paulista, que sucederam à chegada. E da Alta Araraquarense, Alta Paulista e Noroeste à Alta Sorocabana, que antecederam. No curto percurso de 1870 a 1930.

São ferrovias que se instalaram no topo dos espigões, interflúvios que caem em altitude de leste para oeste, rumo à calha do rio Paraná, vindas por expansão de ramais existentes, como a Mogiana e a Paulista, ou surgidas como novas, como a Alta Araraquarense, a Noroeste, a Alta Paulista e Alta Sorocabana, forjando e multiplicando cidades e fazendas no caminho ao longo da fronteira agrícola em expansão que com elas vai se abrindo.

Presente já em 1836, junto a Mogi das Cruzes, acelerando por volta de 1854, com o declínio das áreas de Mogi das Cruzes e de Campinas, a marcha da fronteira não para, tendo Campinas como ponto de partida de onde a cafeicultura planaltina se expande via o que vai ser o eixo da Mogiana e o eixo da Paulista, implantados ambos em 1875, atingindo seu auge por volta de 1886, em par com as cidades de Mogi Mirim, Mogi Guaçu, Casa Branca, São Simão, Ribeirão Preto, Batatais, Franca, no eixo da Mogiana, e Rio Claro, Araras, Araraquara, Jaboticabal, Limeira, São Carlos, no eixo da Paulista. Cidades vitalizadas ou criadas com a chegada do café e, depois, da ferrovia, forjando a vasta região do norte-nordeste paulista, com forte relação com capitais e fazendeiros descidos de Minas Gerais, onde Ribeirão Preto, por seu forte equipamento terciário e pela fertilidade do seu solo, vem a ser a grande referência. O ano de auge, 1886, é também do começo do declínio. Então se dá a segunda fase e as seguintes, com o deslocamento de fazendeiros e pontos de comércio dessa região para as novas áreas da Alta Araraquarense e da Noroeste, primeiro, seguida da Alta Sorocabana, depois. Áreas nas quais a ferrovia antecede e expande ainda mais para o oeste o avanço do café, criando as cidades e as fazendas de Monte Alto, Rio Preto, Cedial, Mirassol, Catandu, Jaú, na Alta Araraquarense, e Bauru, Lins, Piratininga,

Penápolis, Marília, na Noroeste, bem como Ourinhos, Palmital, Botucatu, Avaré, São Manuel, Presidente Prudente, na Alta Sorocabana. Algumas surgidas como pontas de trilho, outras como patrimônios de novo tipo, numa explosão cafeeira de 1910 e 1920. Daí, em 1930, o café declina no planalto e marcha para o norte do Paraná. E para ilhas esparsas nas manchas de terra roxa do outro lado do rio Paraná em Goiás e Mato Grosso.

O vale do Paraíba e o planalto paulista são áreas, todavia, de acamamentos em tudo distintos, por conta da diferença de seus modos de produção e de existência. Em comum, o domínio florestal, domínio do acamamento café-exploração florestal que ultrapassa o barramento litoral-interior do alinhamento montanhoso e se interioriza sobre serras e vales. Mas com diferenças. O todo do vale do Paraíba mostra-se coberto de mata. E o planalto de mata e cerrado alternados, no que os cafeicultores denominam pele de onça. Aí diferem os tipos de solo. Menos férteis e argilo-arenosos no vale do Paraíba, vindos da decomposição do granito e do gnaisse e enriquecidos do húmus florestal, e areno-argilosos e de vegetação mais rala na depressão periférica. E de alta fertilidade nas áreas basálticas (a terra roxa), alternadas às de baixa fertilidade dos bolsões arenosos no planalto arenito-basáltico. Mas todos submetidos à técnica da queimada e do exclusivismo da monocultura, cujo efeito é o esgotamento, o abandono e então a itinerância, que é uma das causas da marcha da fronteira – a outra, no planalto, é a especulação imobiliária aberta com a instalação das ferrovias –, levando todo o ciclo do café a uma duração curta de menos de cem anos. Técnica e sistema de cultivo que não obstante parecem ao fazendeiro infensas, face à aparência de abundância e infindabilidade de terra, o que lhe confere a sensação de infinitude da grande propriedade. Isso torna a cafeicultura financeiramente viável do ponto de vista da abundância de terra, mas cara do ponto de vista do custo da força de trabalho e do capital. O custo raso da terra, doação de sesmaria, compensando o custo alto preço do dinheiro, tal qual o ciclo da cana, mas sem o problema do investimento em equipamentos e manutenção deste.

Mas o ciclo do café vai diferir sobretudo pelo caráter escravista da cafeicultura do vale e de transição da forma de trabalho da cafeicultura do planalto, dado o modo distinto de reprodução da força de trabalho. Este é, no entanto, uma decorrência do sistema de cultivo. Seja no sistema de plantio em encostas no vale, seja em topos de interflúvios no planalto, o café é plantado igualmente em fileiras, deixando entre elas um vão de "ruas", nas quais se plantam culturas de subsistência. Assim monocultura do café e policultura de alimentos se consorciando em um mesmo espaço até o quarto ano do plantio, quando a planta do café passa a sombrear os intervalos e a impedir a continuidade da policultura na reprodução da força de trabalho dos escravos. É uma forma de sistema de reprodução que não vemos no sistema de cultivo da cana, impedida desde o começo pela incompatibilidade do canavial. A diferença surge a partir daí. A partir do quarto ano, o senhorio passa a orientar o plantio alimentício nas áreas de solos precários ou então deixadas sem uso da fazenda, tal como acontece com o ciclo do açúcar. O senhorio cafeicultor se vê obrigado a estender seu lastro de abastecimento a regiões para além do seu domínio, indo buscar os meios de subsistência nas áreas do sul de Minas Gerais e nas áreas coloniais e pastoris dos estados sulinos. Traz produtos agrícolas e laticínios do sul mineiro e agrícolas das colônias, além de charque do pampa rio-grandense. Relação de acamamento se dá no vale do Paraíba face ao domínio do trabalho escravo. E no planalto ganha a forma do regime do colonato, uma forma de relação contratual de produção e reprodução que combina trabalho assalariado e produção camponesa em uma mesma estrutura, apoiada na imigração subvencionada pelo Estado de colonos italianos. O colono recebe por contrato uma fração de terra da propriedade cafeeira para o plantio do café, com direito ao plantio da cultura alimentícia na rua intervalar. Recebe um salário para o plantio e depois pela colheita do café, e o direito de destinação da produção alimentícia, com a liberdade do autoconsumo ou da venda no mercado. Terminado o período de quatro anos, se desliga da propriedade para ir repetir a mesma relação contratual em outra propriedade, o que supõe a fronteira em movimento por com ela sempre haver formação de novas fazendas e novos momentos de formação do cafezal que dão ao colono a oportunidade de sempre fazer novos contratos de trabalho, sem o que o cafeicultor se obrigaria a realizar o duplo de monocultura e policultura em partes distintas da fazenda – como vemos acontecer em outros ciclos e na própria cafeicultura escravocrata do vale do Paraíba –, e o colono a aceitar uma combinação de trabalho menos rendosa.

Esse contexto dá à frente pioneira um papel-chave na trajetória da cafeicultura, seja na fase escravocrata do vale, seja na fase do colonato do planalto. Na fase do vale, pela contínua disponibilidade de terras virgens, peça-chave do sistema de cultivo de baixo custo da queimada e da itinerância da monocultura. Na fase do planalto, por essa mesma razão, acrescida da favorabilidade ao regime do colonato, de baixo custo de reprodução da força de trabalho para os gastos do cafeicultor, e da especulação imobiliária com terras agrícolas, que é o motor principal da expansão contínua das ferrovias. Situação prevista e antecipada pela Lei de Terras de 1850.

Por volta de 1940, o ciclo cafeeiro entra em declínio. Uma história dividida em duas fases. Primeiro, no vale, ainda no meado do século XIX. Depois, no planalto, já visivelmente por volta dos anos 1920. Crise produzida e sucedida por aspectos distintos numa área e noutra. Quando chega ao vale paraibano fluminense, o café lá encontra manchas de canaviais e engenho, centros fixos de comércio, ilhas de cultura de subsistência, fazendas de gado e vilas e povoados espalhados ao longo do caminho recém-aberto para o escoamento do ouro. Poucas vilas e cidades, centros de cultura e fazendas de gado de fato, se comparado, dado ao efeito bandeirista, à parte paulista, onde os cafezais se implantam recriando a forma então existente de ocupação e ordenação do espaço e espalhando fazendas de café e cidades por todos os cantos. Tanto na parte fluminense quanto na parte paulista, o café traz para o vale um baronato que vai se multiplicando a partir dos quatro polos principais de implantação, Valença, Vassouras, Cantagalo, Barra Mansa e Resende, que juntam e difundem num mesmo destino Rio de Janeiro, Minas Gerais e São Paulo. Em todos os cantos, esgotado o solo e abandonada a terra, o café migra para adiante, deixando à retaguarda o abandono e o espaço em ruínas entregue a ilhas de cultura alimentícia, cidades mortas e ao domínio das fazendas de gado, estas descidas das regiões das proximidades mineiras, tal como o café encontrara o vale antes, mas com mais retoques na parte cafeeira paulista e contando com a enorme fronteira posta à frente pelo planalto. Aí se repete a paisagem e a dinâmica dos reordenamentos, numa escala mais intensa e mais ampla. O café igualmente avança entre as fazendas de cana e engenho, os centros de comércio nascidos do caminho velho, as ilhas de subsistência, as fazendas de gado, e, sobretudo, as vilas e cidades formadas pelo bandeirismo rumo à Mantiqueira e ao planalto das minas de ouro. É aí que o café vai instalar uma aristocracia agrária e monetária, mais sofisticada que a fluminense e mineira, marcada por seus centros urbanos de Lorena, Cruzeiro, Taubaté, Pindamonhangaba, esteios do Estado imperial. E, mais ainda, quando chega a ferrovia, depois Estrada de Ferro Central do Brasil, instalada para a ligação São Paulo-Rio de Janeiro, sinônimo de ligação do baronato cafeeiro do vale paulista com a máquina de governo do Segundo Império. Também ali o solo logo se esgota, repete-se a marcha cafeeira para áreas novas postas à frente, o abandono, a decadência, o retorno da policultura, o avanço do gado, as cidades e portos mortos de Paraty, Angra dos Reis, Mambucaba, terminais fluminenses de São Paulo, Iguaçu, Estrela e Porto das Caixas, terminais do Rio de Janeiro, somados, em meio ao fausto, ainda por um tempo, do palco iluminado das cidades sul-paraibanas do baronato.

O rumo da expansão é o planalto paulista. Os solos de terra roxa. O ritmo alucinado da multiplicação das fazendas e das cidades emuladas pelo avanço especulativo de terras das ferrovias. Sítio do auge antecedido da antessala da depressão periférica, do quadrilátero da cana e do engenho, da policultura histórica de autossubsistência e de mercado, da cultura do algodão, das cidades brotadas do bandeirismo, das feiras de gado, do comércio monçoneiro, da estrada de tropeiros no seio da qual o café vai crescer e ter o salto de acumulação que o transporta para o sítio das terras em princípio inesgotáveis, e das ferrovias do planalto. Aqui também logo abandonadas, mas, ao contrário do vale, deixa grandes propriedades fragmentadas em pequenas e médias, de onde vai brotar a divisão de trabalho que leva a florescer a diversidade de culturas da relação cidade-campo industrial que vai fazer a diferença na decadência do planalto.

A distinção tem na base a separação e o desenvolvimento separado e em paralelo da indústria de beneficiamento e da indústria de transformação, que vão igualmente florescer da crise e sobrevida do ciclo cafeeiro. Sobrevida como uma espécie de ciclo cafeeiro-industrial que desloca o centro dinâmico do café para a indústria, como se fosse em si um ciclo, mantendo o café como o principal produto de exportação até o final dos anos 1950, quando a agroindústria parece ver encerrar-se como a base da história da evolução de uma formação social periodizada em ciclos e ceder a centralidade à revolução industrial da grande indústria de transformação.

O ciclo da soja e das cadeias de agroindústria é, todavia, o grande herdeiro do ciclo do café. Sobretudo da fase de ciclo cafeeiro-industrial. A soja foi introduzida no Brasil no final do século XIX nas áreas coloniais sulinas, onde é usada inicialmente como adubo verde e forragem, e que, consorciada ao milho para o consumo de porcos, logo incorpora seus grãos até se tornar uma cultura comercial das primeiras décadas do século XX, em torno dos anos 1930, tempo então de auge e declínio do ciclo do café (Ramos, 1999).

As colônias são comunidades de origem europeia instaladas entre 1820 e 1870 nas encostas e topos do planalto meridional, no mesmo momento em que se inicia e se consolida o ciclo do café no vale do Paraíba, com base na pequena propriedade. São alemães, instalados nos fundos de vale e encostas da serra geral, em Santa Cruz, Santo Ângelo, São Leopoldo, no Rio Grande do Sul, e vertente oriental da serra do Mar, em Joinville, Blumenau, Itajaí, em Santa Catarina; italianos na passagem da serra para o planalto, em Caxias do Sul, Bento Gonçalves, Garibaldi, no Rio Grande do Sul; e ucranianos e poloneses ao redor das antigas áreas de fazendas e passagem de gado de Ponta Grossa, Castro e Curitiba, no planalto do Paraná. Ambiente cultural da soja, as colônias são o domínio de uma cultura de consorciações, a partir da fusão da agricultura e da indústria. Cada cultivo depois de colhido é incorporado ao acervo de cultura alimentícia e de utensílios na forma do produto artesanal. Aí, o milho é produzido em consorciamento com aves e porcos. A uva, com a transformação no vinho. O trigo, na moagem e transformação em farinha no moinho. Passo a ser seguido pela soja. A artesania pedia, por sua vez, uma sequência de indústrias de produção de máquinas de beneficiamento. A lavoura, a criação, a transformação artesanal e a indústria de instrumentos de beneficiamento formando um só complexo. Com o tempo, agricultura e indústria se separam, nascendo uma agricultura especializada e de mercado e uma indústria de beneficiamento agrícola e pastoril que é acompanhada de indústrias de transformação, de metalurgia e de reparo de máquinas agrícolas e industriais (Valverde, 1957).

Do nicho das colônias, a soja sai para consorciar-se ao trigo no pampa, numa interligação que vai dar início à fase de mecanização da agricultura gaúcha. Nos anos 1930, ela se espalha pelo Paraná, onde ganha forma própria de cultura e se consorcia à indústria de esmagamento com uso de máquinas alugadas de outros ramos, aproveitando o crescente aumento do excedente de consumo, produzindo farelo para ração animal e óleo para o consumo humano, numa diversificação dos usos e derivados de matérias-primas. Nos anos 1960, se difunde numa alternância com o trigo, e este com a citricultura, num avanço sobre áreas de pastagens de gado. Ganha força de produção especializada e de mercado com base em propriedades médias em migração para a fronteira do noroeste do Rio Grande do Sul e do sudoeste do Paraná, subindo a calha do rio Paraná em busca de terras mais baratas, e também para o noroeste de São Paulo, juntando-se em acamamento à cafeicultura em crise, com centro em Ribeirão Preto. De onde chega, por fim, nos anos 1970, ao planalto central, a partir da região de Dourados, no sul do Mato Grosso do Sul, via o eixo da bacia do Paraná, da região de Ribeirão Preto, no noroeste de São Paulo, do Triângulo Mineiro, no sudoeste de Minas Gerais, e a região de Rio Verde, no sudoeste de Goiás, onde ocupa terras de pastagens e vira um novo ciclo.

Propicia esse avanço a progressiva acumulação de capital dos sojicultores, o surgimento da forma própria de indústria de beneficiamento e a profusa difusão de rodovias e redes de transmissão de energia que se ramificam pelo planalto desde os anos 1960, apontando para o centro-norte, de que Brasília é um produto, ao mesmo tempo que um elo de impulso. O Distrito Federal é também o suporte de uma pesquisa de correção do solo ácido e precário em fertilidade do cerrado, liberando o bioma para a ocupação agrícola de grande escala. E dele a soja é a cultura privilegiada, apoiando-se na grande propriedade ou grande extensão de terra arrendada, na monocultura e no mercado externo, tal qual a cana e o café, anteriormente, expandindo-se rapidamente sobre os terrenos planos do planalto central, a caminho da fronteira amazônica, trazendo e levando a expandir a diversidade de culturas e criação dos ciclos de espaço-tempo pretéritos, em particular a cana, o algodão, o arroz, a criação de aves, de porcos, o gado bovino, o garimpo, o desmatamento, num complexo de acamamentos.

Os anos 1970, período de arrancada do desenvolvimento industrial da indústria de transformação, são também o seu. Tendo Dourados, no sul do Mato Grosso do Sul, e Rio Verde, sudoeste de Goiás, por pontos de partida, a soja avança sobre as terras do topo plano das chapadas e dos interflúvios dos rios Juruena, Madeira, Tapajós, Xingu, Araguaia-Tapajós, onde o povoamento é mais fraco e o preço das terras mais baixo. Ali ocupa o topo das chapadas em consorciamento com outros cultivos e expulsa o gado para o fundo chato dos vales, numa reiteração e quebra da relação lavoura-mata e gado-campos do tempo da Colônia, com a alternância topo-soja e vale-gado criando fazendas, multiplicando o arranjo agropastoril e gerando cidades. Por fim, essa é a culminação do avanço da expansão da fronteira agrícola que nasce nas áreas de mata costeira com os núcleos da cana e do engenho no litoral, sobe ao planalto cerradista com o gado, espalha-se pela área de vegetação chamada de pele de onça do planalto paulista com o café, e fecha, agora, com a chegada da linha de frente da expansão agrícola ao centro-oeste e deste à fronteira geobotânica do centro-norte (cerrado) e norte (floresta amazônica), numa trajetória de sobreposição espaço-temporal de todos os biomas (Waibel, 1958; Becker, 1982). Os interflúvios, desde o Taquari, na fase de Dourados, e a BR-163, na fase de Rio Verde, passam pelo eixo da BR-174/364, na fase de Rondonópolis, intermediária entre as fases de Dourados e a de Rio Verde, são seus vetores, rumo à fronteira do Mato Grosso. De onde entra no sul de Rondônia, via o eixo BR-163/174/364, numa direção, e no sudeste do Pará, via Belém-Brasília, noutra, abrindo o leque em tridente com a BR-158, rumo ao Araguaia, de onde pula para o complexo espacial do norte do Tocantins, sul do Maranhão, sudoeste do Piauí e oeste da Bahia, o MATOPIBA, nos anos recentes.

O arco do cerrado e da mata amazônica é o seu auge de ponta de lança da marcha geral da frente de expansão agrícola Brasil adentro. Onde se instala por volta de 1990, encimando a marcha que multiplica fazendas e cidades velhas e novas no caminho – Dourados, Cuiabá, Rondonópolis, Nova Ubiratã, Rio Verde, sem falar de Brasília, cidades novas e cidades rejuvenescidas na metade sul pela novidade das culturas e da rede de circulação e transmissão de energia, Sorriso, Nova Mutum, Diamantino, Lucas do Rio Verde, Nova Ubiratã, no caminho do Pará, Campos Novos dos Parecis,

Sapezal, Campos de Julio, no caminho do noroeste, cidades criadas do nada, tal qual em seu tempo fizeram os outros ciclos. Cidades ressignificadas e cidades que aparecem pela primeira vez no mapa junto à marcha expansiva da malha da circulação do transporte, da comunicação informatizada, da energia que leva a soja ao complexo soja-óleo-carnos dessa década (Bernardes, 2009 e 2010; Arruzo, 2005 e 2009; Maldonado, Almeida e Picciani, 2017).

O complexo de acamamento de cidade-fazenda, cidade-campo, cidade-cidade e cidade-urbano funde – do Rio Grande do Sul ao Pará e do Pantanal à Bahia – indústrias de beneficiamento a jusante e indústrias de transformação a montante à unidade agricultura-indústria de porteira da fazenda. E a soja recobre, num marco territorial de extensão centro-sul, a cabeça de velhos e novos produtos, mais da metade do país em uma só estrutura.

A COMBINAÇÃO DESIGUAL

Uma dissonância chama a atenção nessa sequência dos ciclos. O século XVIII é um século urbano, em meio a séculos rurbanos (XVI-XVII e XIX-XX). Século do urbano que volta a dominar no período de 1940 a 1970, no interregno entre o ciclo do café e o da soja. O período do acamamento do pau-brasil-cana-gado é um arco de tempo agroindustrial, bem como o período do acamamento café-indústria-soja. Este ainda mais. O ciclo do ouro é um ciclo urbano, cercado de fazendas de cana, de gado e de policulturas de subsistência. De certa forma, também é o período industrial dos anos 1940-1970. Trajeto de uma formação social de dois modos de conteúdo e perspectivas de vida distintos, que se reiteram e se conflitam, como numa história em dúvida entre dois caminhos. Mas o agroindustrial está sempre se restabelecendo entre fases de formação urbana, como num protoespaço ou como realidade efetiva da história. De que as fases urbanas seriam momentos-limites ao mesmo tempo que momentos-propulsivos de reinvenção e atualização de relação e forças produtivas da agroindústria.

O ciclo do ouro, momento urbano entre ciclos de relação cidade-indústria-fazenda – relação de casamento entre indústria de beneficiamento e indústria de transformação em proporções temporo-espaciais distintas –, é um tempo de quebra de que o ciclo da cana e o ciclo do café são uma solução de continuidade, descompassando desses ciclos no embate de ideias e saídas que propicia e cuja condição mutante/embargante de possibilidade de realização efetiva está na própria estrutura de acamamento espacial que entretece essa história. O período industrial e urbano de 1940-1970 querendo dizer o mesmo, como que à espera do agente de mudança.

OS PADRÕES E AS FORMAS DO ESPAÇO

A monotonia e o desenho de grandes paisagens são características da arrumação estrutural dos arranjos. País de grandes espaços, o Brasil reproduz esse modo de arranjo nos grandes recortes de paisagens dos ciclos com que geograficamente se estrutura e se organiza. Unidades de grandes paisagens naturais e unidades de grandes paisagens humanas se superpondo. Cinco unidades de climas e biomas e três unidades de relevo, que Aziz Ab'Sáber reúne em seis domínios de natureza – amazônico: terras baixas florestadas equatoriais; cerrado: chapadões tropicais interiores com cerrados e florestas-galerias; mares de morro: áreas mamelonares tropical-atlânticas florestadas; caatingas: depressões intermontanas e interplanálticas semiáridas; araucárias: planaltos subtropicais com araucárias; pradarias: coxilhas subtropicais com pradarias mistas. Domínios que a geografia dos ciclos reitera ao mesmo tempo que recorta num mosaico de entrecruzamentos micro e mesorregionais locais diferentes, como num tabuleiro em xadrez ou um desenho colorido de um pano escocês (Ab'Sáber, 2003; Moreira, 2018 e 2020a).

Grande regularidade e pequena variação, dirá Monbeig, sintetizando a propriedade da monotonia do grande espaço, considerado um país de mais de oito milhões de quilômetros quadrados (Monbeig, 1985). Domínios da natureza que são também domínios de ciclos socioeconômicos de espaço-tempo. Domínios de acamamentos de grandes escalas de tempo-espaço geológico, geomorfológico, climatológico, hidrológico, biogeográfico e pequenas escalas de tempo-espaço agrário, urbano, industrial, demográfico, se pode acrescer, entronizando arranjos de assentamento da natureza e arranjos de assentamentos humanos, harmônicos, ao mesmo tempo contraditórios. Hoje desencontrados e desarrumados pela eclosão dos extremos climáticos (Moreira, 2023).

Desencontros de desarrumação não de todo desconhecidos, porque, ao que tudo indica, são cíclicos, o último dos quais ocorrido durante a glaciação quaternária do Plio-pleistoceno, há 18 milhões de anos, que faz do Brasil, no dizer de Aziz Ab'Sáber, um país de paleopaisagens. Paleopaisagens que orientam a geografia indígena, que por primeiro aqui se organiza. E a geografia de colonização portuguesa, que a incorpora, ao mesmo tempo que altera para o lado contraditório da arrumação de acampamentos em que estes hoje se encontram.

A baixa de média térmica do planeta e a alteração de regime de temperaturas e chuvas e o rebaixamento em 100m do nível do oceano Atlântico são o quadro histórico-territorial de referência. A semiaridez geral decorrente dessa mudança termo-pluviométrica, generalizada no continente pelo avanço das correntes marítimas frias até baixas latitudes no litoral brasileiro, e a intensidade erosiva e deposicional consequente da mudança altimétrica refletem-se no quadro geobotânico daí advindo. O ressecamento climático e o reassentamento topográfico que daí resultam forçam a alteração e redistribuição dos biomas, redesenhando-se o todo da paisagem do continente. Um trabalho de redesenho que começa no Brasil no rearranjo geomorfológico de um domínio de geologia antiga, vasto pedaço de escudo, legado da fragmentação dos últimos movimentos globais de placas tectônicas, quebrando e espalhando pedaços do antigo Gondwana no Mesozoico, fazendo do território brasileiro no tempo um combinado de terras altas oriundas da formação do Atlântico a leste (as terras altas do barreamento montanhoso que separa litoral e interior, justamente) e planaltos sedimentares e de cristalino exumado no centro, circundados a sudoeste e norte por depressões e terras baixas, agora reerguidas e reatacadas por ampla rede de níveis de base com a regressão marítima, em novo redesenho. Mudam, assim, a distribuição dos interflúvios, a distribuição das redes fluviais, a distribuição dos tipos de solo, e, então, os tipos de bioma, em um todo recoberto pelas extensões do clima semiárido então dominante. É o desenho que a fase de deglaciação em que nos encontramos vai herdar do ponto de vista topográfico, vale dizer, geológico-geomorfológico, que a retomada das características termopluviais de antes vai sobreocupar com um desenho climático e geobotânico atravessado da diversidade de paleoflora e paleofauna, e flora e fauna de hoje, como uma espécie de superestrutura de paleoriqueza de base, paleorrelevo, paleossolos, paleohidrografia, paleointerflúvios (Viadana, 2002).

Supõe-se que a geobotânica de hoje seja a de antes, alterada pela glaciação e que a deglaciação vai trazer de volta, mas bastante modificada. Face à dominância da semiaridez, a mata existente na Amazônia se fragmenta em partes que vão diminuindo de tamanho e se multiplicando em ilhas de matas territorialmente espalhadas por onde encontra condições ecológicas favoráveis à permanência. Deixa entre elas interstícios ocupados por cerrados e campos, logo daí expulsos para o avanço da caatinga, a forma de bioma que então mais se expande. O mesmo se dá na faixa costeira com a mata Atlântica. E no planalto do sul com a mata de araucária. O território brasileiro vem a se constituir de ilhas de matas, cerrados e campos, recuados depois de avançar, e a caatinga invasora, expandida por todos os cantos. Quadro geobotânico que o fim da glaciação vai modificar, a deglaciação trazendo de volta as formações anteriores. Todavia, com nova composição de flora e fauna. A necessidade de adaptação das ilhas de matas ao novo ambiente produziu, por especiação e subespeciação, novas espécies de plantas e animais, ou espécies modificadas pelo ajuste ambiental, passando as formas velhas e novas a coabitar os espaços dentro das ilhas, gerando entre elas formatos distintos e próprios de biodiversidade para cada tipo de ambiente. A retomada das condições termopluviais e então dos tipos climáticos da deglaciação, estimulando a retomada das antigas extensões territoriais, promove a reexpansão das ilhas em direção umas das outras, rumo ao restabelecimento da extensão territorial de antes, e traz um correlato de conurbação e interpenetração que faz do todo florestal reconstituído um manancial de enorme pluralidade territorial e estrutural de biodiversidade, juntando espécies velhas e espécies novas em um mesmo pedaço de espaço e, ao mesmo tempo, mantendo por dentro o mosaico de ilhas do tempo glaciar, numa riqueza de coabitação espacial maior e mais plural que antes. Acrescida da incorporação da flora e fauna das frações dos biomas de campos, cerrado e caatinga circunvizinhos, que a ilha de mata ia engolindo em seu movimento reexpansivo. Igualmente sucede com a reexpansão dos campos e cerrados e com a própria caatinga, em seu processo de recolhimento ao território originário.

É o período em que esses biomas e interseções passam ao mesmo tempo a ser povoados por grupos humanos que para aí estão migrando, vindos do hemisfério norte, favorecidos pelas áreas liberadas pela deglaciação. Levas de grupos humanos então se deslocam em ondas entre os continentes a partir das áreas de latitude média, muitos deles migrando do continente asiático para o continente americano, pelo estreito de Bering, ainda um istmo, descendo pelo Alasca para as regiões temperadas, de onde chegam à Amazônia, uma região de vegetação então aberta e rios vadeáveis. Daí se espalham num movimento em pinça pelos rios da bacia paranaense e pelo litoral em longa descida para o sul, a partir de que se interiorizam.

São grupos de caçadores e coletores que encontram no território por onde passam um ambiente de rios de fácil transposição, topografia de poucas acidentações, vegetação aberta ao livre trânsito e rica em caça, pesca e coleta, entremeadas de ilhas florestais em progressão. Esses grupos se instalam nas interseções, áreas de contato onde podem se beneficiar da riqueza de um bioma e de outro. E permanecem enquanto a riqueza não escasseia com as mudanças sazonais e a intensidade de exploração. Quando então se deslocam para outro ponto, deixando para trás restos de plantas e animais consumidos que a vegetação aproveita para seu renascimento, voltando aos mesmos pontos em transitação seminômade para repetir nova sequência de consumo e restos que se decompõem e rebrotam e realimentam o ciclo. Em progressão, nesse tempo a mata avança sobre os outros biomas, incorporando o solo, as novas espécies, os registros da ocupação, gerando novas interseções e nova territorialização do grupo humano. Homem e vegetação se movimentando numa migração contínua e interativa. Até que as interseções vão desaparecendo, levando os grupos a criar um modo de vida essencialmente de savana ou essencialmente de floresta, mantido o hábito do usufruto das interpenetrações. O tempo de contato ensina a conhecer o comportamento e a estrutura dos biomas, sua forma de repartir-se, reproduzir-se e organizar-se no espaço, orientando as coabitações através do extrativismo e da domesticação. Passo no qual homem e natureza coevoluem em progressão sucessiva a formas novas de comunidade, comunidade humana e comunidade geobotânica coevoluindo intrincados numa só história. História do copertencimento em que o homem vê-se vendo a natureza, e a natureza vê-se vendo o homem. As comunidades vegetal-animais incorporando componentes humanos, e as comunidades humanas incorporando componentes vegetal-animais em sua estrutura de organização. As comunidades de bioma variam nas formas de paisagens de natureza hoje existentes, ordenadas nas modalidades gerais do bioma de vegetação fechada (o bioma florestal) e vegetação aberta (bioma de savanas). E as comunidades humanas, ordenadas nas dos grupos etnolinguísticos atuais e nas modalidades de grupos de caçadores e coletores aprimorados com a presença da lavoura e de atividades de artesanato, e grupos de lavoura, atividades de artesanato, caça e coleta integralizadas numa só unidade de organização. Faces de um mesmo rosto. Os primeiros localizados nas áreas de vegetação aberta do interior e os segundos, nas áreas de mata da costa. E os biomas no múltiplo de paisagens de natureza com que se integralizam em cada pedaço de espaço. Fruto da coabitação que nos grupos de biomas naturais leva ao coletivo humano naturalizado do buritizal, do castanhal, do açaizal, do paratudal. E nos grupos de sociedades humanas ao coletivo natural humanizado da mandioca, do cará, da batata-doce, do algodão, do milho.

É sobre essa estrutura de copertencimento que a sociedade indígena e a sociedade colonial-portuguesa vão criar suas formas de geografia. Uma forma de reiteração de integralidade de coevolução e copertencimento, de um lado, e uma forma de separação natureza-terra-homem-território, de outro.

A geografia indígena é uma estrutura integral, múltipla e orgânica de arranjo de espaço. Uma ossatura de estrutura na qual a unidade com que a caça, a coleta, a lavoura e o artesanato se conjugam como um mesmo ecossistema. É essa geografia que a colonização portuguesa encontra quando aqui chega. Vai incorporar e se superpor, adaptando a estrutura espacial indígena ao seu modo espacial de produção e de existência. A começar pela forma de relação socioambiental com que essa estrutura territorialmente distribui e inter-relaciona etnias e modos de vida. Calcula-se entre 1,5 e 5 milhões de habitantes indígenas. Divididos em quatro grandes grupos etnolinguísticos distribuídos pelos diferentes biomas, cada grupo quebrando-se em diversas aldeias: o grupo tupi, ocupando as matas da faixa atlântica; o grupo jê, os cerrados do interior; o grupo aruaque, a mata amazônica; e o grupo caribe, a margem esquerda da bacia amazônica e a costa e ilhas caribenhas. São grupos que se organizam em disputas por domínio de território e formam nas aldeias alianças de defesa recíproca, através do casamento, ora de cunho patrilocal e ora matrilocal, dados os frequentes conflitos de guerra em que estas tribos se envolvem, sobretudo os grupos do litoral, de bioma mais pródigo em riquezas. Cada aldeia organiza-se dentro de sua etnia, com a mesma língua e local distinto (Gomes, 1988; Couto, 2011).

A localização da aldeia é invariavelmente entre a mata e o rio, ou numa cota elevada das proximidades quando em estado de guerra, então cercada de paliçada, copiadas pelas feitorias por franceses e portugueses, de modo a garantir a caça, a coleta, a agricultura e as fontes de matérias-primas do artesanato. Na mata ao redor, faz-se o plantio em clareiras abertas nas áreas mais próximas. São clareiras abertas com a derrubada da mata em diferentes pontos ao mesmo tempo, a começar pelas árvores mais altas até chegar às sinusais mais baixas, recolhendo-se as de melhor interesse para construções e as de uso para lenha, amontoando-se e deixando-se o restante do mato derrubado para seca, isolando-se a clareira em aceiro em círculo para avistar a propagação do fogo. Feito o que, faz-se a queimada. Terminada essa fase, amontoam-se os troncos e galhos ainda não consumidos pelo fogo para nova queimada. Planta-se em seguida entre as cinzas, aproveitadas como adubo, distribuindo-se as culturas pela clareira limpa segundo o melhor local para cada qual, alternando-se os plantios de acordo com suas alturas e diferente poder de resistência ao tempo, numa policultura que reúne a mandioca, o milho, a batata-doce, o cará, feijões, culturas de diferentes épocas de colheita, tempo que perdura mesmo quando o grupo muda a aldeia para outro canto. No rio ao lado da aldeia, por sua vez, faz-se a pesca, o preparo das matérias-primas para a produção artesanal e usa-se a água para os diferentes fins. Bem como o transporte e a comunicação entre as diferentes aldeias, numa caminhada mais ligeira que a pé por dentro da mata. A aldeia destaca-se entre a mata e o rio, como em um equivalente indígena de povoado cercado de clareiras de cultivos e por caminhos a pé e canoa, com suas habitações coletivas em círculo ou em quadra, com uma grande praça de reuniões coletivas e congraçamentos no meio.

A organização do espaço segue um propósito de clara lógica. A aldeia reúne o coletivo indígena, define as relações de coabitação, divisão de trabalho e defesa. As clareiras ao redor e o rio garantem a subsistência e sobrevivência da aldeia. Fazem-se simultâneas clareiras de plantio e em diferentes lugares de modo a garantir a regularidade da subsistência e o plantio de uma diversidade de tipos de suprimento, reforçadas no hábito de lançamento de sementes das culturas pelos caminhos de terra entre as aldeias, de modo que à sua margem sempre há o que colher seja para reserva da aldeia, seja como logística dos deslocamentos de longa distância e longo tempo. Como nas paradas e pousos do bandeirismo, copiados justamente da experiência indígena. Em lugares vizinhos à aldeia, fazem-se cultivos de árvores frutíferas sem grande ordem, à guisa de pomares. Alternando-se clareiras de completa derrubada da mata para o policultivo e clareiras de derrubada seletiva nas quais se deixam as árvores de frutas consumidas por animais, numa espécie de criação de campo de caça, garantindo-se a pluralidade alimentícia e de matérias-primas de origem animal e vegetal (Posey, 1986; Ribeiro, 1987).

É uma cultura que vem da repetição das origens, repetindo a relação intercomunitária que junta homem e natureza numa mesma história de formação. Cada passo da aldeia, cada elo de vida da mata e cada momento do rio reproduzem os elos culturais de origem do modo de existência, de que o quadro da geobotânica é o grande cenário. A topografia espelhada no sítio geomorfológico da comunidade é o plano de experiência e o elo do assentamento. E a geografia das casas e dos caminhos, sua materialidade. Aí está a vivência do efeito combinado da alteração da rede de níveis de base e do regime de chuvas torrenciais do clima semiárido. A força conjunta do trabalho plúvio-fluvial dos processos erosivo-deposicionais que a mata e o rio controlam. O rio que tem que percorrer maior distância e cavar seus vales com maior profundidade para chegar ao oceano, acentuando a erosão regressiva, o recuo e acidentação das cabeceiras, a captura das bacias, o redesenho da distribuição e regime dos rios, os marcos dos interflúvios e vales, paisagens da chegada dos grupos de caçadores e coletores. Com isso, refaz-se a distribuição dos solos, das cotas topográficas e dos pontos de concentração da umidade. A configuração das chuvas de pancadas breves entre longos períodos de estiagem, favorecendo a percolação e a formação do solo de mar de pedras. Nas áreas elevadas de leste, se dá a descida do material que colmata as depressões do centro, sudoeste e norte, que o desgaste erosivo subsequente transforma na alternância de grandes chapadas de topo plano e vales chatos e extensões do cristalino exumado. Quadro que a geobotânica, parte mais sensível dos domínios de natureza, registra. A dança do vaivém da floresta e das savanas ao sabor da distribuição e redistribuição da água, do solo, do relevo. A fragmentação que separa e reaglutina em ilhas de matas que aqui e ali se reencontram. A floresta que recua e reexpande. O cerrado que se expande e recua. A caatinga que impera e se encolhe. A tropicalidade que arrefece e a subtropicalidade que avança, para depois restabelecerem suas identidades. Os rios que somem e voltam. O presente que se faz paleo e o paleo que se faz presente. As plantas que se relocalizam e os animais que se des(re)territorializam. A fácies que se reverte, ao ritmo da glaciação e pós-glaciação. E a memória do copertencimento transforma nos mitos e narrativas do tempo. Renascida a cada dia nas práticas espaciais e nos modos de vida (Nunes, 1967).

A geografia colonial toma essas práticas por sua base e suporte de um modo de vida oposto ao do indígena, desmontada e remontada através da forma ecológico-territorial dos ciclos. De um lado, separando e dissociando terra e território, via desespacialização do indígena. De outro, juntando e associando terra e território na espaço-temporalidade dos ciclos, via espacialização do colono. Um movimento de desespacialização do indígena para espacialização do colono que vai dar na estrutura ecológico-territorial disruptiva do presente. O indígena desterrado e transformado em trabalho escravo. A terra desterritorializada e transformada em meio de produção de agroprodutos de exportação. A finalidade colonial erguida em modo de vida. O mesmo modo de arranjo, tornado o seu oposto. De um lado, a relação mata litorânea e ocupação lavoura-artesanato-caça-coleta-pesca da etnia tupi e a relação savana (caatinga-cerrado) interiorana e ocupação caça-coleta-pesca-lavoura-artesanato da etnia jê da geografia indígena. De outro, a relação mata-lavoura e campo-gado da geografia colonial. A relação mata-lavoura e campo-gado colonial e a relação mata-tupi e campo-jê sobrepostas. Relações de sobreposição geoeconômica-geobotânica reproduzidas. Sem o conteúdo espaço-ambiental respectivo (Waibel, 1958; Moreira, 2011 e 2015).

A estratégia de espacialização-desespacialização é o vetor a um só tempo de repetição de arranjo e requalificação de conteúdo. Com a diferença do caráter comunitário e do caráter fundiário-privado dos respectivos arranjos. Estratégia de disrupção bandeirista e proteção jesuíta que dissolve um modo de vida e põe outro no lugar. A bandeirista dissolvendo e a jesuíta realinhando as comunidades. Ambas limpando o terreno para a ocupação colonial. Duas faces de um mesmo rosto que se unem na realização da diretriz que orienta a ação metropolitana de estabelecer a lei de território, a lei indigenista e a lei de terras como regra e norma. Lei de território vinda já com a viagem de Martin Afonso de Souza, que estabelece tornar-se domínio da metrópole todo chão marcado com a fincação do símbolo de presença colonial da Coroa. Lei indigenista vinda no bolso de Manoel de Nóbrega, que estabelece junto à catequese o realdeamento como política de intervenção e controle sobre as comunidades indígenas. E Lei de Terras, que dá à Coroa o direito de distribuir parcelas do território expropriado e tornado seu aos colonos declarados dispostos a implementar o povoamento com cana, engenho e gado em proveito e benefício da metrópole. Documentos normativos decretados na intenção de separar ao tempo que recriar a relação terra-território que vai regular e incrementar os ciclos de espaço-tempo em todos os seus movimentos e intenções. Mesmo depois do fim do tempo formal da Colônia. Agora como protoespaço (Moreira, 2020a).

O caráter supressor do bandeirismo, ente colonial, junto à policultura, não previsto nos planos da colonização, antes produto da dificuldade de sobrevivência do modo de vida familiar-patriarcal de subsistência de mercado do planalto paulista, vem desse cunho misto de subsistência e mercantil que a preação vai exprimir, tornando o mercado de escravo indígena seu próprio complemento. Puxada de início pela demanda de trabalho escravo com a cana e o engenho do litoral vicentino, a preação ganha vulto e permanência, um modo de vida, indo aos lugares mais distantes para manter-se enquanto tal, e a tropa bandeirista indo e voltando do sertão para o sítio familiar em São Paulo com o séquito de escravos preados, deixando no caminho rastros de terra arrasada. Razia e despovoamento.

Já o caráter realocador jesuíta vem da prática de catequese que o Vaticano realiza como projeto de colonização próprio, embora à ilharga da colonização das metrópoles, numa espécie de relação de troca de finança e infraestrutura por adequação indígena à cultura de dominância, tirando a comunidade de seu nicho próprio de aldeia para realocá-la no aldeamento administrado pela Ordem. Circulando em catequese pelas aldeias em longas incursões terra adentro, tal qual o bandeirismo pelo sertão ínvio, a arma jesuíta é a conversação e o convencimento de que a realdeação, a escolarização e a conversão religiosa são os meios. Se a preação bandeirista é o lado inesperado do projeto, a catequese e conversão jesuíta são o lado planejado da colonização. O bandeirista e o bandeirismo são como acidentes de percurso, por isso mesmo rejeitado, tolerado, ocasionalmente adotado pela Coroa. O jesuíta e a catequese, ao contrário, vêm com as caravelas junto ao primeiro governador-geral, já com o plano da conversão no bolso que Manoel de Nóbrega, antes mesmo do desembarque, já interpreta como política de descimento: tirar o indígena de seu *locus* de memória e narrativas para mergulhá-lo no nicho cristianizado das representações e modos de vida da Igreja. Uma política meio religiosa, meio secular de conversão e adaptação ao novo meio. Política que substitui a ida do jesuíta ao espaço de domínio indígena, pelo ato de trazer o indígena ao espaço de domínio jesuíta. De modo a tirar o trabalho de catequese do âmbito do costumeiro olhar crítico e contrastador do pajé quando feito na aldeia, onde, por fim, o pajé tudo desfaz na relembrança da cultura da representação indígena para passar a fazê-lo sob os olhos vigilantes dos ícones da Igreja. Transferindo e relocando a aldeia na área-sede da catequese, área dos povoados contíguos dos colonos e dos padres. Áreas de início litorâneas, quando dos ciclos costeiros, depois interiorizadas, quando os ciclos se internalizam.

Combinadas, a razia da preação bandeirista e a vigília do descimento jesuíta são a primícia do monte e desmonte da geografia colonial. Bases da entrada da cana, do engenho, do gado, do intervalo do ouro, depois do café e da soja nas clareiras da policultura e campos de caça indígenas. Des(terri) territorialização que introjeta – da costa leste à interioridade do oeste fazendas, cidades, estradas, fábricas, usinas – entes geográficos que trazem a sociabilidade da sociedade de ontem para a sociabilidade de hoje, introjetadas na sobreposição de arranjos dos espaços que o tempo desenha e redesenha a favor da relação cidade-indústria-fazenda da colonização portuguesa.

A base de costura desse movimento de desenho-redesenho é a inte(g)ração das três formas de relação que interligam e organizam o entrelace por dentro. Num primeiro plano, a forma de propriedade, distinguida em grande propriedade sesmarial, propriedade comunitária indígena (que outras comunidades vão reproduzindo à medida que vão aparecendo na esteira da formação colonial) e propriedade familiar (seja a familiar-patriarcal escravista de policultura de autossubsistência e mercado interno do planalto paulista, seja a policultura de subsistência subsidiária da *plantation* e ciclos de monocultura). Num segundo plano, a forma de atividade econômica, distinguida em lavoura, pecuária e extrativismo. E, num terceiro, a forma de sistemas de cultivo, distinguida em monocultura, policultura de comunidade e policultura de sítio/pequena propriedade. Três formas de organização que aqui se fundem e ali se dissociam dentro do todo da estrutura da geografia da Colônia (Porto-Gonçalves, 2008). A grande propriedade é o produto do movimento de espacialização-desespacialização da comunidade indígena para o fim da espacialização do colono que o sistema sesmarial regula e legitima. Sobre a base dela se unem, em interação, forma de propriedade, forma de atividade econômica e forma de sistema de cultivo. A propriedade comunitária, típica da relação terra-território indígena, é a instância de base das clareiras da geografia indígena, que se mantém e se diversifica sob novas formas nos poros da geografia colonial. A terra privada familiar, por fim, é o outro lado colonial da grande propriedade, seja na forma familiar-patriarcal de subsistência e preação, logo desaparecendo e dando lugar às formas caipiras da formação paulista, seja na familiar-posseira da policultura que sustenta e repõe/reproduz a relação cidade-fazenda do sistema de monocultura ontem e hoje.

O ciclo do ouro é uma espécie de ponto fora da curva desse modelo de sistema. Sua base de referência é a sociabilidade urbana do mundo da mineração. Como foi nas colônias hispânicas. As datas de terra sendo uma forma de propriedade de origem sesmarial, como o latifúndio das *plantations*, mas que não se define numa ordem sesmarial. Sua inferência e a sociedade a que dá origem são de ordem urbana. Também aqui a policultura e a pecuária garantem a reprodutibilidade do todo, mas de um todo de reprodutibilidade urbana, razão por que sua relação cidade-fazenda tem a forma de uma relação cidade-campo. Seu arranjo do todo tendo a estrutura de uma divisão territorial do trabalho que a própria relação cidade-campo cria. Sua indústria, a de transformação. Sua cidade, a dos valores e representações urbanas. Sociedade que impacta a ordem colonial. E que termina quando historicamente o ciclo termina, vencida pela solução de continuidade do antes do ciclo da cana e do depois do ciclo do café.

A sociedade da cana, o antes, e a sociedade do café, o depois, são sociedades da trilogia latifúndio-monocultura-escravismo. Um sistema de economia de agroexportação no qual a sesmaria é o ponto central de referência do custo. Fonte da terra doada como elemento de compensação dos gastos com os outros elementos, a força de trabalho e o equipamento, de alto preço de investimento, em outros termos. Permitindo, de um lado, a compensação do custo da força de trabalho escravo, de outro, o abatimento progressivo do custo do equipamento. Gasto com força de trabalho e gasto com equipamento, ambos garantidos pela presença do capital financeiro. A sesmaria balancea com o fator terra os fatores trabalho e capital da economia clássica. A rigor, o fator consumo a custo zero dos elementos da natureza e o fator consumo a custo próximo disso dos alimentos da policultura de subsistência, não previstos por essa teoria.

O trabalho escravo, inicialmente indígena, depois importado do continente africano, tem o peso principal no cálculo do gasto global. O escravo africano tem, no âmbito do seu continente, o mesmo processo de origem e destino do indígena no contexto da Colônia – o apresamento, desterreação e escravização, com o adendo do traslado e venda em outro continente –, numa espécie de equivalente externo da desespacialização para o fim de espacialização interno, o que supõe um pesado sistema de tráfico. Vem daí, também, uma relação de quebra comunitária que dissolve, na separação homem-terra/homem-natureza, a cultura de copertencimento, seja do indígena, seja do negro africano, que isso representa. O tráfico de escravos significando a mobilização da articulação Estado-Igreja-comércio que a colonização traz para a base. Se o fundamento do formato do arranjo do espaço é o fator terra na forma da grande propriedade com que o sistema colonial se organiza, o fundamento real é o fator força de trabalho escravo, que vem da preação, no plano interno, e do tráfico negreiro, no plano externo. Daí o seu alto custo, viabilizado inicialmente pelo emprego da força de trabalho nativa, numa espécie de acumulação prévia interna.

Durante todo o século XVI, e ainda metade inicial do século XVII, a força de trabalho é a indígena. E a partir daí, sobretudo com o fim da União Ibérica (1580-1640), torna-se essencialmente africana, alavancada pelo ciclo açucareiro e que o surgimento do ciclo do ouro realinha – este saindo da relação de estrutura fortemente verticalizada e centralizada do ciclo do açúcar para uma estrutura fragmentada e atomizada. Boa parte dessa força de trabalho, findo o ciclo do ouro, vai estar alforriada (Goulart, 1973). Com o café, volta-se à verticalidade e centralidade do absoluto rigor escravista, até que vem a formalidade jurídica da abolição.

Ciclo urbano, o ciclo do ouro leva suas características para todos os pontos da Colônia. Recria e retraça o seu desenho de acamamentos. Refunda a superestrutura da formação social dentro da estrutura escravista geral do sistema da Colônia, com a qual esta começa a mudar. A força de trabalho com que se instala vem inicialmente da zona da mata açucareira, depois direto do tráfico, atraindo para a atividade das lavras senhores e escravos e forçando a *plantation* a adotar o trabalho do morador no lugar do trabalho escravo, o que antecipa a novidade do colonato paulista, num começo de mudança do regime de trabalho nas regiões nordestinas. O gado vem do sertão nordestino e do pampa sulino, ao lado do desenvolvimento da indústria do charque, e a policultura vem do aumento da população nas cidades, trazida da circundância fronteiriça de São Paulo e Rio de Janeiro e levando à multiplicação das comunicações e dos caminhos e ao nascimento de uma cultura e representação urbana até então inexistentes. A mineração é dilatada para a imensidão do planalto interiorano, forjando a migração de um lado de paulistas e de outro de paraenses e amazonenses, numa reedição, em pleno século XVIII, do encontro do bandeirismo paulista e do tropismo de resgate amazônico do período de preação para as lavras do Mato Grosso, Goiás e Bahia. A demanda por máquinas e reparos leva ao surgimento da indústria têxtil e da indústria metalúrgica. A mudança do centro de gravidade leva a população a deslitoralizar-se, interiorizar-se e concentrar-se no planalto. O controle dos conflitos e o combate ao contrabando são transferidos de Salvador para o Rio de Janeiro, o centro político. Ciclo de uma sociedade urbana, o ciclo do ouro gesta uma cultura nacional nas letras, na música, na escultura e na arquitetura, o que leva ao ideário da emancipação que a Inconfidência Mineira de 1798 difunde para outros centros urbanos. A Conjuração Baiana, em Salvador, é do mesmo ano e põe em questão o estatuto social e jurídico-político da Colônia, a exigência da mudança que o ato da transferência da Corte portuguesa em 1808 de certo modo antecipa e prorroga ao mesmo tempo. A Independência é imediata. A abolição e a República ficam latentes nas entrelinhas do ciclo do café e do ciclo da cana redivivo (Mota, 1989).

O ciclo do café, um retorno à centralidade da sociedade de agroexportação, é uma espécie de passo atrás, tomada a referência urbana do ciclo do ouro, embora correspondendo ao período da consolidação da independência, da abolição da escravatura, da debacle da Monarquia, da proclamação da República, da nova relação de trabalho já ensaiada nos canaviais e engenhos, a caminho da usina, da zona da mata nordestina, e iniciada nas fazendas de algodão-gado do sertão e do agreste, das novas regras superestruturais de relação societária e de sociabilidade da superestrutura da formação social brasileira.

A cafeicultura vale-paraibana é ainda escravocrata. Sua força de trabalho é ainda a escrava, vinda de um fluxo ainda maior de transferência das áreas nordestinas que a do ouro, com a ameaça da abolição do tráfico enfim formalizada por pressão inglesa em 1850. E vai diferir da escravatura canavieiro-açucareira pela forma de reprodução da força de trabalho escravo que a ecologia da cafeicultura vai permitir. Como dissemos anteriormente, plantado em fileiras, o café deixa entre elas o espaço aberto das "ruas", que o cafeicultor vai ocupar com a policultura de subsistência. Isso permite ao escravo cuidar a um só tempo da monocultura e da policultura, rebaixando o custo da monocultura e o custo da reprodução da força de trabalho. Numa situação, pois, bem mais vantajosa que a da cana. Vencido o tempo de quatro anos, todavia, o cafezal passa a sombrear a policultura, daí em diante inviabilizando-a e obrigando o seu plantio, como nas áreas de cana, nas partes próximas de solo de baixa fertilidade rejeitadas pelo café e de menor rendimento, forçando à despesa da importação do suprimento alimentício de outras áreas. Isso encarece o custo da reprodução, até que a marcha da expansão cafeeira abra nova frente de combinação de monocultura e policultura. A reprodução do trabalho escravo alterna, assim, fases de policultura interna das "ruas" do café e fases de importação de alimentos da policultura de outras áreas, num movimento cíclico. Difere ainda no desenvolvimento das forças produtivas, para o qual a cafeicultura escravista se vê obrigada a apelar. A proibição formal do tráfico – encarecendo ainda mais a importação da força de trabalho escravo com o expediente do contrabando – leva os cafeicultores a usar a estratégia de introduzir de um lado a mecanização nas atividades de beneficiamento e de outro o transporte ferroviário no lugar do mulado, de modo a liberar os escravos dessas funções e poder contar com maior número deles nas atividades da produção do café. O que significa também a introdução da divisão funcional entre trabalho livre e o trabalho escravo nas atividades do café. O cafeicultor entrega em empreitada as tarefas de formação do cafezal, e, assim, o trabalho pesado de derrubar a mata, limpar o terreno, plantar o café, cuidar do cafezal no curso dos quatro primeiros anos e, por fim, a tarefa da primeira colheita, passado aos cuidados dos trabalhadores assalariados. Esses trabalhadores são empregados pelo empreiteiro e trazidos das áreas de trabalho ocioso das antigas áreas de mineração do planalto mineiro, o que dá ao empreiteiro o direito também das culturas de subsistência, que ele usa para a reprodução de sua força de trabalho assalariada, liberando desse modo os seus escravos das tarefas de maior risco e tomada de tempo e reduzindo, com isso, o volume das compras de escravos e alongando o tempo de vigência do trabalho escravo ao limite (Spindel, 1979).

A peculiaridade da cafeicultura do planalto paulista é a substituição do trabalho escravo pelo do colono, um misto de trabalhador assalariado e camponês, num regime de transição ao trabalho assalariado. O colono vem para substituir o trabalho escravo e em alguns casos o formador do café, quando do interesse seja do colono, seja do cafeicultor. A propriedade ecológica da cafeicultura vai ganhando aqui o conteúdo associado do assalariamento e da policultura familiar. É uma relação contratual que prevê uma remuneração ao colono pelo cuidado do cafezal já entregue pronto para a colheita, mais um extra por pé de café colhido além do contrato, e o direito à incorporação dos produtos da policultura, que o colono pode consumir ou pôr à venda, ampliando o ganho monetário e a possibilidade de acumular. E com isso pode comprar uma propriedade para si, motivo principal de sua migração. Sua opção pode ser também no contrato já como formador do café, olhando para o benefício do plantio do cafezal e da policultura não em áreas separadas, mas em simultâneo no mesmo espaço, dando continuidade à tarefa da colheita a partir do quarto ano na fazenda. Mas agora com a monocultura e a policultura em áreas separadas e sem a economia do tempo de plantio, impossibilitada, então, pelo sombreamento do café. Problema que a marcha constante da frente cafeeira resolve a favor da primeira alternativa, ao abrir sempre áreas de novo plantio e formação de cafezal novo em novas terras. O colono se torna um migrante também permanente junto ao café (Monbeig, 1984).

Sobre a base dessa inovação o café restabelece o caráter agroexportador da formação social brasileira, restabelecendo, face o ciclo urbano do ouro, a relação cidade-fazenda como nexo axial da estrutura, mas como base de uma forma nova de superestrutura. A relação societária é nova, bem como a relação de sociabilidade. A transição para o trabalho livre servindo como forma-chave da permanência da mesma infraestrutura de latifúndio-monocultura-exportação, instrumentada num modelo de reprodução não capitalista, o regime do colonato, da reprodução capitalista da sociedade que está aparecendo. Um regime de produção e de trabalho que já não mais é escravista, mas não é o capitalista ainda (Singer, 1979; Martins, 1981; Oliveira, 1988). O ciclo do café comandando o caminho do trajeto.

Trata-se de mudar a infraestrutura econômica e a superestrutura institucional, mantendo, todavia, o regime do trabalho escravo. Equação que os insurretos têm em comum desde a Inconfidência Mineira de 1789 até a Insurreição Pernambucana de 1848, ambas de levantes urbanos. Contradição por sinal característica do liberalismo do tempo. A estratégia cafeeira é mudar a superestrutura e manter a infraestrutura, na combinação mais próxima possível. Modalidade já experimentada com a estratégia do alongamento do escravismo via alteração das relações trabalho (o empreitamento do trabalho assalariado na tarefa da formação do cafezal) e intervenção de novas forças produtivas (as máquinas da indústria de beneficiamento e o transporte ferroviário). Incrementada agora pela introdução do híbrido do colonato, uma forma nova de relação de produção e de trabalho, que mantém a infraestrutura da monocultura latifundiária e sua finalidade de agroexportação, sobre o mesmo assentamento da reprodução estrutural da sociedade no binômio latifúndio-minifúndio. Sociedade na qual modernizam-se a fazenda, a cidade, a relação cidade-fazenda, a relação de trabalho, o transporte e o aporte industrial de beneficiamento. Tudo mudando, mas, para dizer com Monteiro Lobato, para manter a mesmidade do mesmo (Lobato, 1956 e 2014). Estratégia que se repete com o morador e a usina, na zona canavieira nordestina; o barracão na zona do mate da bacia paranaense, dali a pouco da borracha na Amazônia; o combinado de salário e quarteação, no sertão do gado nordestino, central e sulino de gado; a parceria à meia ou à terça na área de algodão-gado do mesmo sertão e no agreste paraibano-pernambucano (Sodré, 1990; Prado Jr., 1965). Todos em par com o regime do colonato.

Essa é a relação que já se embriona com a cafeicultura vale-paraibana. Relação de regime e instituições de trabalho novas, apoiada na centralidade da grande propriedade monocultora restabelecida como centralidade da formação colonial com o ciclo cafeeiro ao fim do ciclo urbano do ouro e, por decorrência, da formação social independente, formação social êmula do Estado, não necessariamente nação, que se institui com base nesse entrelace aparentemente descozido de infra e superestrutura (Sodré, 1967; Prado Jr, 1961; Oliveira, 1988)

A PAULISTÂNIA E A PERNAMBUCÂNIA

Dois sistemas econômico-sociais, talvez equivalentes a dois modos de produção, estão nas origens históricas, certamente, da formação colonial. Eles dividem a Colônia em sul e norte e distinguem-se por seus ordenamentos espaço-territoriais e formas de cultura. Por sinonímia – e à falta de outros termos –, chamaremos paulistânia e pernambucânia, termos tirados de empréstimo de Manuel Diegues Jr. e reforçados por Antonio Candido (Diegues, 1960; Candido, 1975).

A paulistânia é o sistema socioeconômico nascido no planalto paulista à base da relação familiar-patriarcal escravista e da economia da policultura de autossubsistência e de mercado interno desdobrada na preação, primeiro de indígenas no centro-sul, depois do gado no pampa gaúcho, e a preação na mineração do ouro. Eclipsada por um tempo pela sobreposição do ciclo da cana e do café, sobrevivendo e renascendo dentro deles. Seu epicentro é o então planalto do Piratininga, de onde, via o bandeirismo e o ciclo do ouro, depois do gado, espalha-se pelo estado de São Paulo, Rio de Janeiro, Minas Gerais, Mato Grosso (hoje Mato Grosso do Sul, Goiás e norte do Paraná, num amplo arco de circundância do planalto paulista. A vasta área da chamada cultura caipira.

A pernambucânia é o sistema socioeconômico nascido na zona da mata canavieira à base da relação senhorial, da monocultura, da grande propriedade sesmarial, do trabalho escravo e da agroexportação. Seu epicentro é a zona da mata pernambucana, de onde, via o movimento de expulsão das ocupações francesas, além de inglesas, holandesas, difunde-se pelo atual nordeste-norte, do Recife ao Maranhão e do Maranhão a Belém e interioridade da bacia amazônica. Razão por que durante todo o período colonial e até o meado do século XX o Brasil é dividido em norte (o atual nordeste-norte) e sul (o atual centro-sul), mesmo estando a Colônia dividida, como que em um novo Tratado de Tordesilhas, numa decisão filipina estabelecida durante a União Ibérica, em Estado do Maranhão e Grão-Pará (a parte estendida ao longo da costa norte do Ceará ao Amazonas e parte do Centro-Oeste) e Estado do Brasil (a parte estendida ao longo da costa leste do nordeste ao sudeste e sul). Origem remota da quebra da pernambucânia em norte e nordeste antecipando a divisão territorial atual do Brasil em Norte, Nordeste e Centro-Sul.

Se a paulistânia tem um fundamento cultural de unidade, a pernambucânia tem um fundamento histórico político-militar. Distinguem-se também pela forma inicial da economia: a paulistânia pelo ciclo do bandeirismo, depois da cana e do café, e a pernambucânia pelo ciclo da cana, do algodão-gado, do extrativismo. As duas partes, todavia, cada vez mais se identificando pelo entrecruzamento e acamamento dos ciclos, e o ciclo do ouro estando historicamente na interseção entre as duas, formando uma espécie de faixa de fronteira entre suas áreas territoriais até o século XVIII. Quando as duas então se entrecruzam e se encontram. Este encontro vem a responder pela atual diversidade de regiões de economia e de cultura da formação territorial do Brasil (Diegues Jr., 1960; Azevedo, 1957), e seu caráter de unidade do diverso. De combinação desigual. De um mosaico de grandes e pequenos espaços casados no que Yves Lacoste chamaria um grande mapa de espacialidade diferencial com tonalidades brasileiras (Lacoste, 1988).

A paulistânia tem origem no híbrido de geografia indígena e geografia colonial – o cunho misto de português e indígena de sua população e traços de cultura; o caboclo e a cultura cabocla. Diferentemente da tetralogia latifúndio-monocultura-escravidão-agroexportação da pernambucânia (de que faz parte o subnúcleo vicentino litorâneo), a paulistânia se organiza inicialmente quase no equilíbrio do hibridismo originário, com a terra e a dominância dos portugueses e a economia e a demografia das raízes indígenas, a Igreja jesuíta mediando a equilibração sociopolítica (Monteiro, 1995). Sob a vigilância desta, move-se a sociedade planaltina dividida em sitiantes, grandes proprietários e aldeamentos indígenas, distribuídos e ordenados ao redor e para além da vila de São Paulo do Piratininga, num raio de abrangência de mais de 50 quilômetros de extensão, que inclui Araçariguama (Itu), Parnaíba, Caucaia, Cotia, Itapecerica, São Miguel, Atibaia, Tremembé, Juqueri, no curso do Tietê, e alarga sua influência a São Vicente e Santos, na direção do litoral, e vale do Paraíba, na direção do planalto de Minas. A base da organização são os sítios, propriedades de extensão média de 100 alqueires, onde o sitiante fixa sua residência, levanta um pequeno pomar, faz sua pequena criação de aves e suínos, um pouco de gado bovino e policultura de milho, feijão, cará, inhame, arroz, mandioca, parte para autoconsumo, parte para o comércio com a vila de São Paulo, e, descendo a serra, com São Vicente e Santos e o Rio de Janeiro (Barros, 1967). Organização que se repete nas propriedades maiores, nas quais se acrescentam o trigo, produção leiteira, cultura de frutas. A força de trabalho, seja nos sítios, seja nas grandes propriedades, é a do indígena, do qual vem a prática da policultura e o emprego da queimada. Para tal, o colono promove derrubada contínua da mata e itinerância sertão adentro, desconhecida pela cultura indígena. É uma força de trabalho vinda da preação e que o bandeirismo e o realdeamento jesuítico vão transformar em um modo de vida no planalto. Com o tempo, converte-se em elemento-chave da própria sociedade planaltina. E se explicita na própria lógica mercantil do modo de produção e existência da sua economia. Essa sociedade se transporta, com o ciclo do ouro e o ciclo do gado, para o planalto mineiro, goiano e mato-grossense, vale paraibano fluminense e região paranaense. E será modificada pelo ciclo da cana no século XVIII e pelo ciclo do café no século XIX, se transformando numa mistura de paulistânia e pernambucânia no próprio planalto paulista.

Seu vetor de difusão por essas áreas é, entretanto, o ciclo do ouro, findo o qual a mudança já se anuncia, numa variação de formas. Foco do bandeirismo e do ciclo do ouro em que este vai dar, o núcleo paulista sofre forte esvaziamento com a migração de sua população para o planalto mineiro.

Findo o ciclo aurífero, essa população retorna de volta ao planalto paulista, já agora cultural e demograficamente bastante modificada. A população volta a aumentar e mesmo se expandir pelo planalto e pelo vale paraibano paulistas, reativando os sítios de autossubsistência e de mercado interno do passado, agora incluindo as cidades então multiplicadas, ao mesmo tempo que a grande propriedade está vinculada à monocultura da cana e voltada, sobretudo, para a produção de aguardente, cana e engenho, espraiando-se desde o quadrilátero da depressão periférica (Petrone, 1968). Uma paulistânia rearrumada num espaço recuperado pela policultura, mas agora sob a forma dos bairros rurais (Queiroz, 1973; Candido, 1975).

Associados aos bairros rurais, os sítios se espalham entre povoados e cidades, dispersando-se como modo de vida, geralmente na forma de posse e posseiros, pelas áreas de matas distantes, ainda existentes, ao passo que a grande propriedade da cana e engenho se alastra pelas de melhores solos e topografia mais apta aos cultivos. O planalto paulista ganha forma nova de ocupação, sob o mote ainda dominante, todavia, da cultura caipira, que se renova e redifunde pela imensa área herdada da mineração do ouro e da civilização do gado, para além do núcleo paulista.

Característicos do povoamento centrado no planalto de São Paulo, de onde se espraia amplamente, os bairros rurais se formam como comunidades rurbanas localmente integradas pelos laços de sociabilidade da religião, cada bairro erguendo sua capela em mutirão, cada família de sitiante ajudando às outras no erguimento da capela, das casas, da lavoura, do beneficiamento do produto, reunindo-se nos momentos de cerimônia religiosa de domingos e feriados, de festas da padroeira e momentos cívicos, quando os sítios saem do isolamento nos diferentes bairros e se encontram na igreja do povoado principal (Müller, 1951).

A cana e o engenho trazem, por sua vez, a grande propriedade monocultora de exportação e trabalho escravo, mais próprio da pernambucânia, que agora migra e sobe para interiorizar-se na depressão periférica, aí tentando vencer os problemas de transporte e escoamento pelos portos litorâneos. Por isso, muitos engenhos acabam por se dedicar mais à produção de aguardente. Forma-se, assim, no planalto paulista do século XVIII, uma sociedade mesclada de sitiantes, aldeias indígenas e fazendeiros de cana, onde logo adiante vai chegar o café, que muda tudo de novo.

Junto ao reordenamento das diferentes áreas do planalto, reordenam-se as da circundância próxima e mais distantes (sul do Mato Grosso, sul de Goiás, Minas Gerais, vale do Paraíba paulista e fluminense e norte do Paraná), refletindo o modo de acamamento planaltino. Goiás e Mato Grosso são áreas de comércio monçoneiro, nos trechos mais a oeste, na época da mineração e de fazendas isoladas de gado avivadas pelas festas religiosas e cívicas nas igrejas e nos povoados vizinhos, no tempo anterior e pós-mineração, da pecuária extensiva e da policultura de autossubsistência e de mercado nas manchas de terra roxa (Vacarias, no sul do Mato Grosso, e Mato Grosso de Goiás, no leste goiano). Tempo de diversificação dos arranjos. Tal qual em Mato Grosso e Goiás, sendo que Minas Gerais, epicentro da mineração, diversifica suas áreas: o sul (sul de Minas) se concentra no gado leiteiro, nos laticínios e na policultura de mercado interno; o oeste (Triângulo Mineiro), na criação bovina; o noroeste e norte, na pecuária dispersa e extensiva; o centro (retângulo da mineração), na extração de ferro e metalurgia; e o leste (zona da mata), vizinho ao vale do Paraíba fluminense, aguarda a chegada do café. O vale do Paraíba paulista e fluminense ainda ressonando as manchas de cana, policultura, pousos e pousadas nos caminhos do ouro, se diversifica na policultura de autossubsistência e de mercado e na pecuária extensiva de corte e de leite. O Paraná, ponto de passagem dos rebanhos e caminho das minas, concentra-se no combinado de agricultura e indústria e na criação de gado das colônias. Aí se misturam a forma clássica e a forma nova da paulistânia em meio à cultura caipira que é sua marca de origem (Nepomuceno, 1999; Dòria e Bastos, 2021).

A pernambucânia, por sua vez, segue seu caminho modular da tetralogia latifúndio-monocultura-exportação-escravismo que só no século XVIII chega ao planalto paulista com a cana, mas com força com café no século XIX. Seu tempo-espaço é o do ciclo da cana, de que vai partir a trajetória da sua vasta área.

O Estado colonial português – papel representado na paulistânia pela centralidade da igreja, fiel e braço espiritual do Estado, mas de natureza distinta – tem aí o seu centro político (Salvador) e econômico (Olinda-Recife).

É ele quem está presente politicamente na Colônia através o preposto direto do governador-geral e economicamente na definição da centralidade da produção do açúcar. A capital da Bahia, polo político, e a capital de Pernambuco, polo econômico, sintetizam a vida institucional da Colônia que aí se encontra. Sede do polo político, via capital administrativa de Salvador, e sede do polo econômico, via capital açucareira de Recife, é do Recife, todavia, que saem as ações práticas de controle e gestão militar da Colônia. Elas são divididas apenas com o Rio de Janeiro, posto político-administrativo avançado dos imbróglios de conflitos fronteiriços do sul. É de Olinda que partem as tropas de expulsão e conquista, do Rio Real ao Maranhão e Belém, expulsando os franceses das áreas que ocupam. A forma de povoamento e de organização da economia que os olindenses aí instalam. Os métodos de controle e gestão do todo, numa centralidade reforçada pela expulsão dos holandeses em 1654 (Andrade, 1973; Souza, 2019).

Pernambuco é o ponto central da logística. O Rio Real é desocupado por forças baianas e pernambucanas em 1589, em batalhas que levam à fundação de São Cristóvão (São Cristóvão do Rio de Sergipe), primeira capital de Sergipe. Em 1586-1587 é a vez da Paraíba, com a fundação, em 1585, de João Pessoa (Filipeia de N. Sra. das Neves, depois Paraíba, e João Pessoa). Em 1597-1598, do Rio Grande do Norte, com a fundação em 1599 de Natal, junto ao Forte dos Reis Magos. Abrindo-se, por fim, a comunicação por terra da Bahia ao Rio Grande do Norte, franqueando à expansão dos canaviais, engenhos e povoados com epicentro nas manchas de massapê, cursos de rios, acessos litorâneos da costa leste, toda a vasta zona da mata disposta ao sul (mata úmida) e ao norte (mata seca) de Pernambuco, com Olinda (Recife somente surgirá como referência com a dominação holandesa) no meio físico do caminho, reforçado como centro logístico. A tomada da costa norte vem em seguida, com a expulsão dos franceses instalados no golfão maranhense, onde haviam fundado a Colônia da França Equinocial e criado a cidade de São Luís, junto ao Forte de São Luís, em 1612, para onde, a partir do Rio Grande do Norte, as forças luso-espanholas – estamos no tempo da União Ibérica (1580-1640) –, já tendo fundado no caminho Fortaleza, junto ao Forte de São Sebastião, em 1611, no Ceará, avançam e expulsam os franceses do golfão maranhense em 1615. Está aberto o caminho para o avanço à foz do Amazonas e costa do Amapá, ocupadas por franceses, ingleses e holandeses desde as ilhas da embocadura, aí fundando, junto ao Forte do Presépio, Belém (Nossa Senhora de Belém), capital do Pará, em 1616, e expulsando franceses e demais ocupantes, aí por fim se fixando, numa unificação com fundo político-militar, logo econômico, do vasto território estendido de Belém a Olinda, com base de comando em Pernambuco. É quando, em 1621, a intervenção filipina divide o território colonial administrativamente em Estado do Maranhão e Grão-Pará e Estado do Brasil, e se estenderá até 1774, extinto pela administração pombalina já às portas da transferência da família real (1808) e elevação do Brasil a Reino Unido de Portugal e Algarves (1815), datas reais da independência (1822 será uma data formal). Entre 1580 e 1616, forma-se, assim, um arco da costa norte, ao lado de um arco da costa leste, já existente desde a expulsão dos franceses do Rio de Janeiro, com Pernambuco e Bahia no ponto comum de coalescência.

Então, a integração econômica da pernambucânia vai se dando aos poucos, com a abertura do caminho do gado ligando Pernambuco ao Maranhão e este ao Grão-Pará (capitania que reunia o todo da Amazônia) em 1770, a reativação da preação indígena nas terras do Maranhão e Amazônia para o trabalho escravo nas áreas de cana e engenho de Pernambuco sob o domínio holandês e a progressiva difusão da cultura da cana, do algodão e do fumo por Maranhão e Grão-Pará, reproduzindo a economia de *plantation* da zona da mata nordestina.

Sob o formato da divisão em dois Estados, entretanto, aos poucos norte (confundido com o Estado do Grão-Pará e Maranhão, nomenclatura que o Estado passa a receber a partir de 1673) e nordeste (confundido com a parte norte do Estado do Brasil) vão também se distinguindo, separados no transcurso dos séculos XVII, XVIII e XIX pela emergência e consolidação dos ciclos de extrativismo, primeiro das drogas, mantido mesmo com a expulsão pombalina dos jesuítas em 1759, depois do cacau, em seguida da borracha, por fim da castanha, na Amazônia. De que a sorte do Ceará e do Maranhão são um dado de referência. Inserido junto ao Piauí no Estado do Maranhão e do Grão-Pará quando criado, logo dele é excluído para ir juntar-se a Pernambuco no Estado do Brasil. Já o Maranhão, alçado a centro do Estado do Maranhão e Grão-Pará, com sede em São Luís, no começo da fundação, dá a centralidade ao Pará com renominação para Estado do Grão-Pará e Maranhão, daí se autonomizando, mais o Estado do Piauí – Ceará, Piauí e Maranhão virando capitanias diferentes e independentes quando da reforma pombalina. É um processo, entretanto, lento e no tempo coincidente com a virada dos séculos XVIII-XIX, tempo de passagem da fase de Colônia para a de país independente, de arrasto em crise do engenho, ao mesmo tempo que o Maranhão cresce e vira parte da referência geral da economia – então apoiada nos centros mineiro, açucareiro e maranhense – e sua produção de arroz e algodão servem de anteparo ao desequilíbrio da exportação dependente da exportação do açúcar (Furtado, 1971).

O que hoje se chama Nordeste, o território regional estendido da Bahia ao Maranhão com centro de gravidade em Pernambuco, é o herdeiro das características centrais que identificam a pernambucânia. E o que se chama Norte é o herdeiro da política de realdeamento jesuíta, aqui tornada absoluta, organizada à base do extrativismo, uma atividade monoprodutora e de exportação, neste ponto compartilhante da estrutura de base do todo da pernambucânia. A mesma infraestrutura central de base, com forma societária e de sociabilidade diferente de superestrutura. Dito de outro modo, o Maranhão da revolta de Beckman de 1644-1645, o Pernambuco da revolta de 1817, o Pará dos insurretos da Cabanagem de 1835-1840 e o Pernambuco dos insurretos da Praieira de 1848, que em formas próprias guardam a mesma simbologia e o mesmo elemento de fundo de referência (Mello, s/d). Invenções. O Nordeste invenção do romance de 1930 (Albuquerque Jr., 1999) e da cultura do baião sertanejo-urbano dos anos 1940-1950 (Dreyfus, 1996). E o Norte invenção das instituições do Estado, com exemplo no IBGE (Penha, 1993).

O núcleo inicial da pernambucânia é a área de fundação da vila de Igaraçu, no baixo curso do rio Igaraçu, e de Olinda, vila e depois cidade, capital da capitania de Pernambuco, criada tão logo chega o donatário Duarte Coelho, em 1535. Aí Duarte Coelho instala a cana e o engenho nas várzeas, o gado e a policultura alimentícia nos tabuleiros. Em 1553, canaviais e engenhos se expandem para a várzea do rio Capibaribe. Na década de 1570, chegam às várzeas dos rios Jaboatão, Pirapama, Ipojuca, Serinhaém, Una e Manguaba. Logo a cana domina o derredor do Capibaribe, subindo ao norte rumo ao rio Potengi e descendo ao sul rumo ao rio São Francisco. Entre 1580 e 1616, a expulsão dos franceses incorpora e unifica a faixa litorânea da mata para além do limite da capitania de Pernambuco, cana e engenho tomando toda a zona da mata, do Rio Grande do Norte à Bahia, no sentido norte-sul, e da proximidade do mar à subida da Borborema, no sentido leste-oeste, formando a longa faixa leste açucareira nordestina, objeto da cobiça e conquista holandesa de 1630 a 1654. A expansão pastoril também parte daí, bifurcada no caminho da Borborema, via sertão semiárido adentro e via litoralização rumo ao Maranhão e Amazônia. Assim, forma-se o roteiro da pernambucânia. Papel importante cabendo à ocupação holandesa. Do limite sul ao limite norte, qual seja, da Bahia ao Maranhão, a área de domínio imediato de Pernambuco estará sobreposta 24 anos pela dominação holandesa, interessada em garantir a força de trabalho escrava indígena que preadores paulistas, ao sul, e preadores amazônicos, ao norte, fornecem à região do açúcar. Preação bandeirista que desce e cruza com a subida do gado, e a preação amazônica que sobe e cruza com a descida dos paulistas pelo curso do Tocantins e afluentes da margem direita do Amazonas, uns e outros interagindo na larga extensão intermediária da área que vai ser ocupada pelo ciclo do ouro. Área na qual, transformados de preadores em grupos paramilitares, os paulistas vão circular contratados para debelar conflagrações de indígenas e quilombolas rebeldes a serviço pelos fazendeiros de cana e gado da pernambucânia libertada dos holandeses. Período também da fundação do Recife, da busca paulista da região das minas, da crise e declínio da sociedade industrial-agrária nordestina. Antecedentes do auge e declínio da paulistânia e da pernambucânia.

O trabalho escravo, problema comum e central, seja da paulistânia, seja da pernambucânia, é o fundo de origem dessa passagem de fase. Forma de força de trabalho com que a colonização se inicia, o trabalho é um sistema sempre mal resolvido. Começa com a preação e comercialização do indígena. Objeto de busca a serviço tanto da paulistânia quanto da pernambucânia, na paulistânia como modo de vida de sitiantes e grandes proprietários assentados no comércio de subsistência, na pernambucânia como elo-chave de um sistema social e econômico assentado na produção-exportação do açúcar. Em ambas, a relação de preação se instalando já com a chegada do colono. Seja para o negócio em que se centram, seja como parte do efeito das entradas programadas ou estimuladas pela Coroa em busca das minas de prata e de ouro.

O trabalho do escravo africano, objeto e base de todo um comércio internacional, põe-se no tempo no lugar do trabalho indígena. Mantido ainda por um período juntos nas fazendas de cana e gado, o trabalho indígena é então substituído inteiramente pelo africano, retornando a zona da mata açucareira de ocupação holandesa à fórmula indígena por breve tempo, logo o trabalho escravo africano se consolida como forma dominante de trabalho na Colônia. Na pernambucânia, ainda durante a dominação holandesa, mas particularmente com a introdução posterior da cultura do algodão, que, de Pernambuco ao Maranhão, passa a coabitar com a cultura da cana e o engenho, marcando o aumento da demanda e a fase de regularização do tráfico. Na paulistânia, com o ciclo do ouro, depois da cana e do café.

Personagem central da pernambucânia nesse vaivém do trânsito do trabalho escravo, a dominação holandesa, vitoriosa após cinco anos de lutas e intensas resistências dos pernambucanos, teve o duplo efeito de destruição dos canaviais e engenhos e de fuga de grande parte dos senhores, lavradores, homens livres e escravos. Com isso ocasiona o aumento dos quilombos para o interior e para a Bahia, fazendo coexistir um período de reconstrução da zona açucareira em mãos holandesas e de interiorização acentuada do gado agreste-sertão adentro pelos caminhos da Borborema. Olinda é incendiada. Bem como canaviais e engenhos. Tudo tem de ser reconstruído. Recife, então um simples prolongamento portuário, logo tornado cidade, teve de ser recuperado junto ao sistema de escoamento. A força de trabalho escrava, restabelecida, retoma a importação indígena da paulistânia e da bacia amazônica, dada a ruptura de relações com o tráfico de escravo africano, então de domínio português. A estrutura de produção é, então, reorganizada. Tarefa longa e difícil devido ao confisco que se segue de terras e indústria aos proprietários locais pela Companhia das Índias Ocidentais, que então se torna a promotora e gestora do repasse a proprietários holandeses sem experiência na lida do cultivo e do funcionamento do engenho. A economia como um todo só se restabelece por volta de 1640, dez anos passados de ocupação, assim mesmo ao preço da reativação da relação com senhores e lavradores locais. É a ocupação e a ligação com o interior que vai ser a fonte de relação mais forte, seja pela concentração da resistência e seja pelo papel de abastecimento de carne e produtos alimentícios aos centros litorâneos de domínio holandês. Até que os holandeses são batidos e expulsos em 1654. E a zona da mata entra na fase de recuperação da economia pernambucana, numa reativação que junta mata, agreste e sertão interligados. Realçando a importância intermediária do agreste.

O agreste é o ponto intermediário entre a planície úmida e floresta do litoral e a depressão interplanáltica seca e caatinguenta do interior, marcado pelo sítio da crista divisória da Borborema, de onde os rios descem para o lado do litoral e para o lado do interior, cortando a sua área transversalmente em passagens da floresta para o sertão e da caatinga para o litoral, que põem em comunicação mata e sertão em linha direta. Aí se instalam as relações de troca históricas de comércio entre essas duas áreas. E a partir delas a pernambucânia como um todo. Por isso, senhores e lavradores se retiram com seus canaviais, engenhos e fazendas, em resistência ao domínio holandês, trazendo a cana e o engenho para as serras úmidas mais elevadas e o gado para os vales secos mais baixos, junto à difusão da policultura por todos os lados. Povoado até então pelos caetés no trecho sul e potiguares no trecho norte, aliados históricos dos franceses desde o rio Real até os rios Paraíba e Potengi, o agreste é agora ocupado largamente, seja nas serras, seja nos vales, completando a expulsão e extinção dos povos indígenas, então obrigadas ao refúgio nas áreas de terras altas junto à derrota e expulsão dos franceses. Formando uma relação de passagem entre o sertão pastoril e a mata agrícola através seus vales transversos, o agreste adquire com a restauração toda sua importância.

Ponto de ligação e passagem entre esses dois nordestes (Freyre, 1985; Menezes, 1970), o agreste é por isso mesmo também a grande porta terrestre do vaivém dos extremos da pernambucânia. É o ponto das feiras de troca de gado do sertão e açúcar da mata e dos próprios produtos alimentícios de policultura e artesanato das indústrias que nela vão surgindo, estimulados pelo próprio ambiente de mercado, ganhando uma densidade demográfica e de cidades maior que a das regiões vizinhas. Postas na linha de contato das trocas no longo do tempo entre o longínquo Grão-Pará e Maranhão e o imediato Pernambuco e Bahia, as cidades-feiras – Vitória da Conquista, Feira de Santana, antecipadas das cidades-intermediárias de Jacobina e

Jeremoabo, na Bahia, Garanhuns, Caruaru, Bezerros, em Pernambuco; Campina Grande, na Paraíba, a caminho de Salvador, de Recife, de João Pessoa, tal como no passado era Sorocaba, também feira de gado, às portas de São Paulo – vão se multiplicando pelo agreste. Assim, cria-se a rede de comunicações que do Grão-Pará a Pernambuco vai formando e ligando vilas e cidades distribuídas pelo caminho. Numa estrutura de transporte e cruzamento de comunicações que dá o tom da diversidade da pernambucânia.

Mas o agreste é também o ponto da reorientação do próprio trânsito que a economia da pernambucânia vai ter que experimentar em face da crise em que se arrasta o sistema açucareiro depois da guerra de expulsão dos holandeses. Na segunda metade do século XIX, terminado o interregno urbano do ouro, o sistema escravista está esgotado. Levando consigo a esgotar-se todo o sistema da Colônia. E à necessidade da mudança que parta daí para o conjunto. A atividade açucareira entra na experiência da transformação dos velhos engenhos na forma nova dos engenhos centrais. Experiência falida. A crise que se arrasta da lavoura à moagem não se resolve nesse modelo, financiado pelo Estado, mas logo abandonado. Parte-se para a fórmula da usina. Ajuda nessa saída o surgimento do ciclo do cultivo e do beneficiamento do algodão, que vai dar ao sistema açucareiro o tempo de reforma técnica e do trabalho que precisa. Seja na mata, onde começa, seja no agreste e no sertão, para onde se expande, seja na parte ocidental, do Maranhão e Grão-Pará, para onde, ao fim, conflui, o algodão aparece como alternativa à crise. Por conseguinte, da pernambucânia.

Planta nativa, o algodão é usado pelos indígenas na tecelagem de rede e cordas, além do pano, e passa a ser cultivado nas *plantations* da mata junto à cana, avançando para o consorciamento com o gado no agreste e sertão, e para as cidades, onde vira matéria-prima da indústria de tecidos. Levado para o agreste junto à interiorização da reação ao domínio holandês, aí encontra o meio ecológico apropriado, logo chegando ao sertão. Convertido em produto comercial pela abertura do mercado externo com a Guerra de Independência americana de 1776, sua cultura se alarga até o Maranhão e o Grão-Pará, virando um produto de exportação para as indústrias inglesas, abaladas pela interdição da independência da Colônia americana. Deixando a relação simbiótica de consorciamento das outras áreas para se transformar em uma cultura especializada no Maranhão, sertão, agreste e mata, ganha formatação e função de arranjo distinto. Na zona da mata cumpre a função de atenuar a crise de exportação do açúcar, equilibrando a queda da demanda e ajudando a ocupar a força de trabalho escrava desocupada pela retração do cultivo e da moagem da cana. No agreste e sertão, o algodão ajuda a alimentar com o restolho o rebanho e a elevar a produtividade do rebanho, num consorciamento da cultura de exportação e da cultura de subsistência (milho, feijão, mandioca), ambas em regime de meação, que permite fornecer ao fazendeiro meio de reprodução e produto de grande valor de mercado. Movimento que redobra de importância com a Guerra de Secessão de 1863-1865 nos Estados Unidos, com novo baque de abastecimento aos mercados ingleses em plena fase de revolução industrial. Atividade de exportação de baixo custo de implemento e alta lucratividade de venda, o algodão torna-se, de Recife a Belém, uma atividade de referência, respondendo pela recuperação do tráfico africano e introdução de novas formas de trabalho ao lado do trabalho escravo ainda dominante. E pela introdução igualmente de formas novas de indústria de beneficiamento. Características que levam a cultura e industrialização do algodão a também ser introduzida e expandir-se pelo planalto paulista, por onde se espalha no correr dos séculos XVIII e XIX junto à entrada da cana (Albuquerque, 1982). Logo progredindo da técnica do descaroçador para a da bolandeira, que aumenta o rendimento e a produtividade e amplia a diversificação das forças de trabalho com introdução do parceiro, do foreiro a da pequena propriedade, pela pouca exigência de capitais e pela facilidade da produção. Atraindo tanto para a pernambucânia quanto para a paulistânia o interesse do comerciante para o financiamento do beneficiamento e da comercialização interna do produto.

Ligado a dois momentos fortuitos, o ciclo do algodão declina terminado o surto da demanda externa, ao passo que se reativa a demanda do açúcar, trazendo tanto a pernambucânia quanto a paulistânia de volta ao problema da necessidade da reforma técnica da produção. E sua vinda na forma da usina. Isso significando a reafirmação da unidade de integração técnica e de produção da agricultura e da indústria que se projetava desfazer com a introdução do sistema do engenho central no lugar do antigo engenho. Tomado o modelo canavieiro-açucareiro do Caribe como referência.

A crise é compreendida como decorrência da ausência de uma divisão técnica que separe e especialize lavoura da cana e a moagem do açúcar como formas distintas de capital e de propriedade. A divisão territorial do trabalho separando agricultura e indústria, e então propriedade fundiária e propriedade industrial, traria a inovação técnica e elevaria a produtividade da produção do açúcar. O Estado promoveria subsídio de um extremo ao outro para a transformação. A terra e o canavial se mantêm na propriedade do velho senhor de engenho e antigos fornecedores, e o engenho central e o maquinário passando para a propriedade de capitais urbanos. Experiência que sofre rejeição justamente pelo efeito de tornar o velho senhor de engenho em um fornecedor de cana e o dono do engenho central na nova classe do poder econômico. Numa completa mudança nas relações do mundo do açúcar, seja na pernambucânia, seja na paulistânia. Modelo que o senhorio açucareiro rejeita, negligenciando a regularidade da entrega da matéria-prima e levando o engenho central a ser substituído pela usina. A agricultura e a indústria, o canavial e a fábrica, a propriedade da terra e a propriedade do engenho sendo mantidas nas mesmas mãos. Como na relação de antes. Os antigos senhores se tornam usineiros e a antiga infraestrutura se renova à base da técnica da máquina a vapor. Base a um só tempo da usina e da ferrovia. Bancadas com financiamento do Estado. Mas com a usina e a ferrovia vindo também a concentração da propriedade, a expansão do canavial para além dos solos de massapê, a relação cidade-indústria-fazenda, a estrutura da economia canavieira-açucareira da pernambucânia e da paulistânia se organizando sobre a mesma base da trilogia latifúndio-monocultura-exportação histórica da pernambucânia. Numa conjuminação estrutural-orgânica das duas áreas.

É o tempo que Grão-Pará e Maranhão ganham autonomia e vida regional própria. Fruto da forma como a política da preação e a política do descimento, distintas e opostas na paulistânia e na pernambucânia, aqui ocorrem através do ciclo das drogas do sertão. Na paulistânia, a preação se impõe ao descimento. Na bacia amazônica, o descimento se impõe à preação. A pernambucânia se apoiando em um formato e outro. Por um tempo, o interesse geral faz as políticas se alternarem como numa relação de indiferença dentro da tarefa maior da expulsão dos franceses. Paulatinamente, porém, a preação se impõe no geral da Colônia e o descimento no específico do vale amazônico. Até o descimento estabelecer-se como política de povoamento. O descimento vindo substituir a preação no Tocantins e afluentes da margem direita (Xingu, Tapajós, Madeira, Purus, Solimões) e da margem esquerda (Jari, Paru, Trombetas, Nhamundá, Negro) do grande rio. O vale se estrutura de Belém a Tabatinga nos aldeamentos do ciclo das drogas. Ao mesmo tempo que do Maranhão a Pernambuco a preação continua em um sobe e desce dos rios com nativos, num caminho reverso aos bandeiristas, olhando para os canaviais e engenhos, até que também cessa.

O trabalho dos jesuítas, logo acrescido de franciscanos, dominicanos, carmelitas, vem na esteira, implantando os aldeamentos no lugar da preação ao longo da grande calha, numa atividade de coleta e recolha de especiarias de uso alimentício, condimentar e medicinal (anil, canela, cacau, raízes, frutos oleaginosos, salsaparrilha, madeiras) para exportação para a Europa acostumada às especiarias das Índias (Souza, 2019).

Nos meados do século XVIII, entram a agricultura da cana, do algodão e do arroz, que logo vão fazer a excelência do Maranhão, e a criação de gado, no vínculo geral que, do Grão-Pará a Pernambuco, une economicamente a pernambucânia. E a reordenação estrutural da organização política e econômica do vale com a política pombalina do diretório em conflito com a ordem dos jesuítas na Colônia, acusada de interferir nos termos de fronteira do Tratado de Madri. Disso resulta a expulsão dos jesuítas da Amazônia em 1759, determinando a entrega da organização e gestão econômica do Estado do Grão-Pará e do Maranhão ao governo da Companhia Geral do Grão-Pará e do Maranhão. Para esta é passada a função de organização e ordenamento do modo de arranjo do povoamento, da compra e venda do escravo africano, do comércio de exportação e importação dos produtos europeus e da Colônia no Estado. Ao mesmo tempo que a administração da população indígena, declarada de cidadania igual à dos portugueses, é passada aos colonos. Com o que os aldeamentos indígenas são transformados em povoados e vilas renomeados com nomes tirados dos povoados portugueses (Bragança, Almeirim, Alenquer, Santarém, Óbidos). E o ciclo das drogas é orientado a centrar-se no cacau. É a política do Diretório, que substitui a política do descimento e indígenas realdeados da Amazônia. E se espalha por toda a Colônia.

Cabe à Companhia Geral orientar a passagem do trabalho escravo indígena para o trabalho escravo do negro africano em vista de garantir a regularidade do trabalho escravo nas atividades produtivas da cana, do algodão, do arroz. E também manter a atividade extrativa do cacau e das especiarias transferida para o controle dos colonos à base do emprego do trabalho indígena. Política de garantia que põe a economia do Grão-Pará e Maranhão numa posição de dianteira na produção do algodão e do arroz num momento de crise da economia do açúcar. Mas também os colonos do Maranhão em conflito com a Companhia, como na revolta de Beckman em 1864, fortemente reprimida por ela. E leva no conjunto a economia amazônica a um estado de paralisia, até que advenha a emergência do ciclo da castanha e da borracha, já nos começos do século XIX.

O ciclo da borracha e o ciclo da castanha são simultâneos e ocorrentes em diferentes áreas da Amazônia, o ciclo da borracha se concentrando nas cabeceiras dos rios orientais (Madeira, Purus, Juruá), particularmente na região do Acre, e o ciclo da castanha, no médio curso do rio Tocantins e afluentes ocidentais da bacia amazônica (como o Xingu), particularmente na região de Marabá, sudeste do Pará. São ciclos de extrativismo, como o das drogas do sertão, apoiados, entretanto, na grande propriedade posseira e no sistema do aviamento e do barracão, relação de trabalho formalmente assalariada, na prática semiescravista, dada as dívidas eternizadas das compras do trabalhador no sistema do barracão. Trazendo a economia amazônica para a base da trilogia do latifúndio, monoprodução e agroexportação à base da semiescravidão, característica histórico-estrutural da pernambucânia, no lugar da forma eclesiástico-comunitária de até então.

O ciclo da borracha se inicia nos começos do século XIX, mas se consolida como ciclo na metade final desse. Seu auge coincide com a migração de sertanejos nordestinos atingidos pela seca de 1877 e 1880, que intensifica sua migração para a Amazônia a partir da fronteira do Maranhão, onde se fixa por primeiro, daí seguindo em ondas para as regiões da extração da borracha. Sertanejo tornado seringueiro, o migrante nordestino desloca-se com suas provisões de alimentos, utensílios e armas adquiridas no barracão por aviamento para o interior da mata de ocorrência da seringueira, onde levanta uma cabana e se fixa. Concentra seu trabalho na estrada da seringa, caminho de alinhamento da localização da árvore da borracha, de onde tira o acúmulo de sua produção de dias seguidos, depois transformada em pelas, bolas de borracha feitas da desidratação do látex recolhido das árvores em tigelas, que o aviador vende nas praças de Manaus e Belém a preços de alta lucratividade, pagando ao seringueiro com baixo preço de salário. Com o que o seringueiro reinicia o seu trabalho, pagando com o salário a dívida contraída no barracão a preço de monopólio e comprando novo aprovisionamento, que significa nova dívida sem que a anterior tenha sido fechada, caindo numa situação de semiescravidão permanente (Santos, 1980). Alongado de 1827 a 1920, com período de auge nos anos 1891-1900, o ciclo da borracha daí em diante declina.

O ciclo da castanha tem lugar por volta dos anos 1940. Provocando um deslocamento interno da população e de infraestrutura da área oriental do Acre para a ocidental do Pará. Com isso provoca nova leva de imigração nordestina e aumento da concentração do sertanejo nas cercanias fronteiriças do Maranhão, à espera da hora do deslocamento para a oportunidade do trabalho no Pará. Explorada desde o ciclo das drogas e subalternizada pela borracha, a castanha vira agora um ciclo nos vales do sudeste paraense. Borracha e castanha centram no meado do século a sobrevida do extrativismo, até que sobrevém a fase das rodovias (Belém-Brasília, na fronteira do centro-oeste e nordeste; Cuiabá-Santarém, na fronteira do centro-oeste e norte; e Transamazônica, na travessia de leste a oeste entre as duas) e com elas a chegada do ciclo da soja-carne-óleo vindo do centro-sul.

Chegada antecedida pelas frentes de consórcio do babaçu-algodão-gado, na fronteira Pará-Maranhão, arroz-algodão-cana-gado, na fronteira Pará-Mato Grosso, e madeira-arroz-gado-soja, espalhada por todo o arco amazônico (Oliveira 1987, 1988 e 1991; Becker, 2015; Porto-Gonçalves, 2017). Frentes que pavimentam o caminho para a chegada do ciclo da soja. Conjuminando, num acampamento de desmatamento, garimpo, grilagem e agroindústria, que se atravessam ao longo das bordas do antigo Grão-Pará, todos os ciclos passados num mesmo lugar ao mesmo tempo.

O ESTADO E A UNIDADE BIFRONTE

A paulistânia e a pernambucânia são o solo comum dos enfrentamentos do que podemos chamar a solução urbana mínero-industrial do ciclo do ouro e a solução de continuidade agroindustrial da cana e do café, os dois caminhos que se atravessam no movimento constitutivo da formação social brasileira no longo do antes e depois dos séculos XIX-XX, período configurativo da Independência.

Seus leitos são as formas de passagem do trabalho escravo ao trabalho livre. E com ela a forma dada no tempo à relação recíproca da indústria de transformação e da indústria de beneficiamento que se desenvolvem dentro do casulo de agroindústria. Qual seja, a agroindústria da cana, a agroindústria do café e agroindústria da soja. Todas elas formas de ciclos de agroindústria. De que as agitações da Regência são a expressão direta. Agitações nas quais a solução urbana aparece com clareza no estertor da Colônia com as manifestações da Inconfidência Mineira e da Conjuração Baiana e, no começo do Brasil independente, com os levantes pernambucanos de 1824, e seu ensaio de 1817, e da Revolução Praieira de 1848. Itinerários, não por acaso, dos caminhos clandestinos de contrabando do grande eixo do São Francisco (eixo por sinal dos fluxos antipaulistas da Guerra dos Emboabas de 1710), sua parte mineira, o alto curso, parte baiana, a margem esquerda, e parte pernambucana, a margem direita, que ligam Minas Gerais, Bahia e Pernambuco nos acampamentos e destinos do ciclo do ouro. E a solução de continuidade aparece nas dissidências de caminhos – a Cabanagem, no Pará, a Balaiada, no Maranhão, a Cabanada, em Pernambuco, a Sabinada, na Bahia, a Farroupilha, no Rio Grande do Sul – na busca da forma pactual do Estado independente. Caminho que, ao fim e ao cabo, surge na forma do Estado imperial. O baronato do açúcar (Pernambuco), do café (São Paulo e Rio de Janeiro) e do gado (Minas Grais e Rio Grande do Sul) canaliza, então, a equação liberal do poder de conjunto (Holanda e Campos, 1972). A solução de continuidade toma por base de apoio a fórmula de transição da relação cidade-fazenda a cidade-campo do ciclo do café. A fórmula congênere do colonato, do morador, do foreiro, do parceiro, do aviamento do barracão.

Formas de relação de trabalho que substituem o trabalho escravo na fazenda numa modalidade própria de transição em cada canto. Mas também na cidade, na forma correspondente da fábrica-vila, do escravo ao ganho, do aprendiz, do biscateiro. Soluções localizadas que se integram no todo dentro do modo de relação cidade-fazenda da nova formação.

Assim, a solução de continuidade agroindustrial marcha ao ritmo do declínio do ciclo da cana e da emergência do ciclo do café. Consolidada com a introdução da usina no universo da cana e da mecanização no universo do café. Sob a fórmula da combinação da velha infraestrutura e da nova superestrutura como uma mesma estrutura de sociedade. E embaixo de uma relação cidade-fazenda metamorfoseada em relação cidade-campo de que a relação cidade-indústria-fazenda vai servir de eixo de passagem e aprofundamento.

A solução urbana do ouro vai estar presente aí como uma forma de sociedade não concretizada, via o universo de cultura e política das suas cidades redivivas. A cultura da literatura, da música, das artes plásticas e da arquitetura nascem e fluem nela junto à atmosfera libertária do iluminismo francês e político-constitucional do republicanismo americano. Dos levantes do circuito são-franciscano trazidos por uma intelectualidade que não separa cultura e política, antes as vê como uma unidade de junção de propósitos e ideias, que é próprio de um mundo de matiz urbano, unidade que inspira e norteia o ideário de transformação que saia das profundidades da infraestrutura e se espalhe pelas relações societária e de sociabilidade da superestrutura, que para a Conjuração Baiana é sinônimo ao mesmo tempo de República, industrialização e cidadania. Mesmo que em convívio com a permanência do escravismo, uma contradição projetual que em parte explica a pouca propagação popular da Inconfidência Mineira, da Conjuração Baiana, da Revolução Praieira. Isso devido aos seus programas incompatíveis com o projeto de uma sociedade nova e livre, que conflitavam com a própria raiz social e étnica de que emergiram a música, a literatura, as artes plásticas, a arquitetura, a escultura que formam o novo. A sociedade de então era formada por uma população urbana já em grande parte emancipada e aforada quando o ciclo termina (Oliveira e Oliveira, 1967; Goulart, 1973).

Raízes que são acompanhadas de um artesanato urbano organizado e de presença forte nas ruas e vielas das cidades, olhando para os inícios de uma industrialização apoiada na metalurgia e na mineração do ferro, irmã geológica da mineração do ouro e dos diamantes no quadrilátero. Da indústria do pano, a confecção primeva. E da indústria alimentícia, que a sedição de 1798 tem sabiamente em mira. Se a Inconfidência Mineira é isso, também o é a Conjuração Baiana, do mesmo ano de 1798 (distantes nove anos entre si), mas esta sendo um híbrido de cidade-fazenda, de agroindústria da cana e do gado, que tem na relação cidade-indústria-fazenda seu eixo, mirada na excelência urbana da cidade de Salvador. O solo aqui é o universo urbano da antiga capital esvaziada pela transferência para o Rio de Janeiro em 1763, mais próxima dos mecanismos de controle dos tributos e do combate ao contrabando do ouro. E sob a influência dos ares do iluminismo francês, comum a todas as revoluções urbanas – a influência mineira é do constitucionalismo republicano americano –, chegado à cidade pelas mãos de soldados, estudantes e artesãos, daí seu cunho mais social popular que a sedição mineira. E cujo objetivo direto é a República, suas instituições políticas, a industrialização, o livre comércio com as nações, a repartição por igual dos bens. Ideário que não vai além das intenções (Ruy, 1970).

Igualmente se deu na Praieira, mas bem mais marcada em seu perfil de insurreição urbana. Culminância dos levantes de 1817, 1824 e ligação remota com 1710. A Guerra dos Mascates de 1710 é uma disputa de primazia de Recife, cidade dos comerciantes, os mascates, e Olinda, cidade dos aristocratas, ao redor da progressão de vila a cidade do Recife, já reconhecida para Olinda, mas não para Recife, disputa vencida pelos comerciantes. A revolução de 1817 também se atravessa do híbrido urbano da relação cidade-fazenda da agroindústria como centro da eclosão do conflito, também aqui com o problema da independência como pano de fundo. Seu elemento forte é o projeto republicano em confronto com o projeto monárquico da independência como regime de estado do país independente. Questionamento que se estende às demais províncias do nordeste, sob a liderança da aristocracia de Pernambuco e sob a qual se juntam como ideologia o iluminismo francês e o republicanismo americano. Um projeto estimulado pelos vínculos da aristocracia agrária pernambucana com o interesse dos ingleses de bloqueio da entrada da influência norte-americana no continente. E cujo pano de fundo é o conflito de comerciantes portugueses e comerciantes ingleses instalados nas cidades-portos da Colônia com o advento da abertura dos portos pelo príncipe regente. Quadro que põe em polos opostos, mas agora por motivos diferentes, a aristocracia fundiária e os comerciantes do Recife. Uma cidade já afetada pelo alto custo de vida provocado pelo domínio absoluto dos portugueses sobre o comércio, que aumenta com a transferência da família real para a Colônia, com a população da cidade assistindo o custo de vida ainda mais se elevar com os impostos a que se vê obrigada, cobrados para cobrir as despesas de instalação da família real no Rio de Janeiro, juntando população urbana e aristocracia fundiária em protesto. E ponto de origem da revolta, que toma o controle da cidade e se alastra num movimento de insurreição de Pernambuco para a Paraíba, Rio Grande do Norte e Ceará, numa duração de 74 dias. Tempo suficiente para instalação de um governo que busca apoio externo dos Estados Unidos, da França e da Inglaterra. Como ocorrera com os levantes de Minas Gerais e da Bahia. Debelado, o movimento permanece incubado, vindo a renascer em 1824, com a Confederação do Equador, um movimento republicano e de separação nortista (Teixeira, 1993).

O auge e a culminância dessa sequência de lutas anticoloniais e de lutas sociais de fundo urbano é a Revolução Praieira, de 1848, alicerçada na clivagem entre cidade e fazenda que claramente vai progredindo por dentro da sequência dos levantes, com pano de fundo nos conflitos ora entre comerciantes e fazendeiros, ora entre a população urbana e comerciantes, sendo 1848 o ano da evolução dessa sequência de levantes para o confronto agora entre a população de Recife de um lado e a aliança de comerciantes e fazendeiros de outro. A cidade urbana, não mais a cidade de um híbrido cidade-fazenda, como fora nos levantes de antes. O impulso de eclosão é aqui a semelhança da situação social vivida pela população da cidade de Recife e pela classe trabalhadora dos levantes europeus de 1848. Mesma data. Mesmos motivos. Mesmos sujeitos: os *quarante-huitard* do Recife e das cidades da Europa. Com as diferenças de realidade de uma cidade colonial e cidades das metrópoles. Qual seja, a situação tensa e esgarçada que separa em grande desigualdade social a massa de trabalhadores – pequenos comerciantes, soldados, letrados, profissionais liberais – organizada ao redor do *Diário Novo* (jornal da rua da Praia), de um lado, e, de outro, a aristocracia fundiária e a aristocracia de comerciantes enquistadas na máquina de Estado sob um governo de militares. O contraste da concentração fundiário-financeira de um lado e da pobreza, escassez urbana e opressão política de outro explode numa revolução que propõe a redistribuição da terra, a repartição igualitária da riqueza, o voto universal, o direito ao trabalho, a liberdade de ideias e imprensa, a nacionalização do grande comércio, a igualação dos poderes de Estado, o regime federativo (Quintas, 1967 e 1972; Chacon, 1965). Pauta que mais à frente é retomada e ampliada pelos movimentos fabris e de lutas urbanas no período republicano dos anos 1940-1960 (Moreira, 2013 [1985]).

As derrotas e incubações desses movimentos significam a consolidação da solução de continuidade agroindustrial exportadora. O acerto da concertação e das concordâncias do Estado pactual entre os grandes proprietários ao redor da confirmação da agroindústria como epicentro da economia e da política da formação social brasileira. O contexto contratual ao mesmo tempo divergente e unitário do baronato do café, da cana e do gado. A concatenação da economia e da política numa unidade de estrutura e conjuntura regida na mediação do Estado. Conjuntura de ajuste de conflitos que se alongam para além da Regência e só vão acomodar-se com a Revolução de 1930.

As tensões regenciais são o movimento de superfície dessas correntes de fundo, que se embatem ao redor da definição da natureza e estrutura do Estado independente. Tensões e acomodações redivivas das pelejas de conquista e povoamento do período colonial e que se materializam na distribuição de domínios local-regionais de território ao longo do tempo. Na municipalização via Câmaras da conformação dos poderes. Na reiteração oligárquica da Independência. Na solução do Estado federalista. Explodidas agora nas reações locais às concertações para a proclamação de uma independência declarada em 1822, mas na prática já ocorrida em 1808 com a transmigração da família real e elevação do Brasil à condição de Reino Unido em 1815. Tensão provocada agora pelos dissentimentos de outorga da Constituição de 1824 (de que Pernambuco de 1817 e 1824 são exemplos). Dissentimentos resolvidos pelo martelo do Poder Moderador de D. Pedro. E do golpe de maioridade de 1840. Trata-se, ao fim, de evitar a fragmentação do país, como acontecia com a Colônia espanhola, e, assim, a abolição fora do controle do senhorio. Manter o regime do trabalho escravo, eis a questão. Consensualizada na consideração da escravidão e do Estado oligárquico-independente como paradigma de nação e país. Conflitando. Dissenção, mas pactuada sempre (Prado Jr., 1965).

A centralização-descentralização federalista é, ao fim, a saída (Dolhnikoff, 2005). Ponto de encontro-desencontro de governo da Colônia que já nasce com ela. As capitanias hereditárias são um regime descentralizado. Afrouxado no primeiro século e meio, com os ciclos da cana e do gado, ainda iniciantes e pouco consolidados. Forte e rigoroso, militarizado, com o ciclo do ouro. Misto de fecha e abre o regime com a Constituição de 1824. Volta da abertura com a Emenda Constitucional de 1834. Já no ciclo do café. Vertigem de fecha e abre da Regência. Até que vire o híbrido efetivo do Poder Moderador do Segundo Império. Gangorra que atravessa as fases de regimes de fechamento-abertura da República: o sobe e desce que domina o fim do ciclo do café, a política dos governadores e do café com leite, a Revolução de 1930, a ditadura de 1937-1945 de Vargas, o ciclo de redemocratização de Vargas a Kubitschek, a ditadura civil-militar de 1964-1985, a fase recente. Cada Constituinte e Constituição virando-se tornam um livro de registro (Villa, 2011). Problema dos acertos do eixo-reitor de exercício de governo, da distribuição e do uso do dinheiro do orçamento público, da relação dos três poderes.

No primeiro século e meio colonial, período confundido à surgência dos ciclos do ouro e do gado, o estatuto da Câmara (então Senado da Câmara) é o veículo desse eixo. A Câmara que expressa a forma de conjuntura da relação cidade-fazenda, da relação de espaço para fora e para dentro do poder territorial que se estabelece dada a dispersão das fazendas e das cidades, de como metrópole e colonos se relacionam no governo da Colônia. O Brasil é parte de um sistema colonial junto à África e às Índias, e a metrópole vê-se voltada, em seus interesses, mais para as relações de comércio com estas últimas do que com a longínqua e pouco rentável da Colônia do pau-brasil. E com o açúcar torna-se rentável, mas político-administrativamente não é mais que uma pluralidade de fazendas e cidades ainda dispersas para o princípio de uma forma centralizada de governo. Antes mais prevalecendo a conveniência de uma descentralização espontânea. O poder local da Câmara mediatiza esses problemas. Perdido o comércio com as Índias e mantido restrito ao tráfico de escravos no meado do século, entretanto, resta o Brasil. Sua riqueza açucareira em progressão. Logo o ciclo de ouro. É tempo, assim, de mudar o modo de relacionamento. E a forma de governo. O ouro pedindo a centralização.

Sede do exercício do poder e de governo para dentro nas relações internas da Colônia e para fora na relação externa com a metrópole, a Câmara vê reafirmada sua importância, mas também diminuída sua autonomia. Ela é o conteúdo e a própria chave do poder da relação cidade-fazenda. Só cidades e vilas contam com sua presença. Mas presença que se faz constante mesmo nas vilas e nos povoados de menor importância. Cidade e Câmara dão um sentido jurídico e estrutural de marco existencial de município, o reconhecimento simbólico de *status* de cidade sendo o elemento de marco de território. Por isso só a metrópole e seus prepostos são autorizados a fazê-lo. Reconhecimento requerido por isso com insistência por proprietários e comerciantes para suas vilas. Como foi na relação de Olinda e Recife, o comércio de Recife olhando para a criação de uma Câmara. Reconhecido o título de cidade e autorizada a criação de uma Câmara, com as duas vem também a demarcação formal e real do município. Município, cidade e Câmara abrigando a condição formal que todos almejam. O município enfeixando a formalidade de elevação da condição de unidade de território da estrutura político-administrativa do Estado. Expressando como ente político esse grau de importância, a Câmara dá visibilidade à cidade e ao município. Ao poder na Colônia. Seu prédio, junto ao da igreja e do sobrado do fazendeiro, localiza-se por isso mesmo no ponto mais central do arranjo urbano da cidade (Geiger, 1963; Reis Filho, 1968). O que se modifica, diminuindo, mas ao mesmo tempo que confirmando seu papel político-governamental junto à cidade, com a centralização que vem com a chegada do ciclo do ouro. A título da administração mais eficaz da cobrança do dízimo e do quinto e do controle rígido do contrabando do ouro e dos diamantes.

O Estado independente e o seu documento normativo, a Constituição de 1824, dão mais densidade a essa estrutura. O Estado ganha a organização trinária União-Província-Município de entes federativos, encimada no Poder Moderador. A província (nova nominação da capitania) torna-se a instância de poder da aristocracia local-regional no antigo lugar do município, com a Assembleia Provincial no lugar da Câmara. A União, através do Poder Moderador, centralizado nas mãos do imperador, a de governo central, exercido pelo Conselho de Estado, com o Senado como assento dos representantes provinciais. O município tornando-se a logística a partir de onde os poderes locais saem para se articular como poderes local-regionais dentro das Assembleias Legislativas da província. Numa estrutura federativa capenga. Forma de acomodar e coordenar verticalmente a força da relação cidade-fazenda horizontalmente ainda dispersa por todo o período monárquico. Numa estrutura federativa, todavia, ainda capenga. O executivo municipal, o prefeito, e por isso o próprio município, só vem a ser criado por lei com a Constituição de 1946.

A República daí parte para lhe dar um formato mais acabado. O Poder Moderador é então dissolvido. Os três poderes do Estado – o Executivo, o Legislativo e o Judiciário – põem-se no seu lugar, numa estrutura de Estado ao mesmo tempo demarcada e interdependente de poderes. Reproduzidos e materializados em cada uma das três instâncias federativas, agora com funções e governo efetivamente constituídos. O município, e com ele a Câmara, dividido em distritos, com centro nas vilas, volta ao cenário, agora como a base de organização da representação local das forças políticas. O estado, nomenclatura que passa a ter a província, agregando os municípios, agregando por sua vez na União, e com ele as forças políticas em nível de representação sub-regional. A União encimando e dando a unidade de conjunto do todo, numa estrutura federativa que se consuma com a Constituição de 1946. Com o que a fazenda se organiza na cidade, definida e organizada e por fim formalizada como sede de município. O Estado (a União), assim organizado na forma de uma Federação, tem no eixo horizontal-vertical da Câmara-Assembleia Estadual-Parlamento Federal (Câmara Federal e Senado) sua ossatura. Eixo no qual a Câmara municipal representa as comunidades locais, e a Assembleia Legislativa, as populações estaduais. A Câmara Federal, os estados proporcionalmente ao tamanho de cada população e o Senado, os mesmos estados enquanto entes políticos intermediários da União. A União vira uma República federativa. Uma Federação estruturada no sistema orçamentário individual e de conjunto dos seus entes. Com o sistema fiscal no centro.

O sistema fiscal é a base do orçamento. Sistema distinto e distintivo de impostos e tributos estipulados para cada ente federativo, reunindo impostos e tributos municipais, estaduais e federais. O todo costurado e integrado como o sistema de orçamento da República. Sistema de impostos e tributos e, por conseguinte, de orçamento, definidos nos termos da relação de receita e despesa exigida para cada ente. Para isso, são recolhidos e redistribuídos dentro da e pela União, segundo o princípio do equilíbrio financeiro federativo, a partir do equilíbrio financeiro da própria União, e então dos municípios e dos estados. Um princípio conceitual de distribuição de funções de prestação de serviços públicos próprios à instância de cada ente, serviços de escola, saúde, segurança, renda, obras. Ponto-chave por meio do qual o fisco e o orçamento se constituem no conteúdo material em torno do qual se movem as relações e os acertos políticos de parlamentares e governos. Princípio conceitual, pois, da vida política prática do sistema federativo. Seus agrupamentos de aliança. Do próprio caráter pactual do Estado.

Instituído no quadro conflitivo do Segundo Império, quando o problema da transição do regime de trabalho mostra a dificuldade ainda de acertos de pactualidade do Estado nascido da independência, o sistema federativo é a forma do *modus vivendi* escolhido. De resto, uma opção apontada mesmo pela solução de saída urbana do regime agroindustrial dos ciclos. Há que se resolver o problema dos aportes de transferência. Das novas formas de forças produtivas. De configuração da nova superestrutura. Até por conta dos resultados diferentes dos diferentes caminhos da reforma do trabalho – o barracão de aviamento da Amazônia, o colonato da paulistânia, o morador, o foreiro, o parceiro da pernambucânia –, por isso e para isso servindo como solução federativa.

A ÁRVORE
E O TRONCO

As novas relações de trabalho liberam as formas de indústria que coabitam dentro dos ciclos de agroindústria, separando a indústria de beneficiamento e a indústria de transformação entre si e as empurrando para o desenvolvimento das novas formas de relações e forças produtivas, e ao fim impulsionando o próprio casulo agroindustrial rumo à nova forma de infra e superestrutura. Esta já embrionada na nova forma de Estado. A presença da indústria de transformação, assim como da indústria de beneficiamento, é um pressuposto dessa sucessão de transformações.

Cidade, indústria e fazenda, suas relações e entrelaces, são as categorias de organização espacial desse movimento. Os elementos estrutural-estruturantes da tecelagem em camadas que são produto e meio. Tecelagem em ciclos de arranjo e rearranjo de mudança e permanência de entrelaces, tal qual numa relação de ondas de superfície e correntes de fundo, em que a conjuntura muda e a estrutura mantida inalterada sob a capa de mudança da conjuntura.

Os ciclos econômico-sociais com seus núcleos espaciais – a cana na zona da mata nordestina nos séculos XVI-XVII-XVIII, o ouro no planalto mineiro e central no século XVIII, o gado na hinterlândia nos séculos XVII-XVIII-XIX, o café no vale do Paraíba e planalto paulista nos séculos XIX-XX, e a soja na fronteira centro-norte nos séculos XX-XXI – são os períodos constitutivo-constituintes desses momentos.

É o casamento da indústria de transformação, uma entidade urbana, e da indústria de beneficiamento, uma entidade rurbana, o elemento-chave. A primeira dando o rumo e a última, o ponto de costura. Em alguns casos, de presença mais forte, como no engenho, depois usina de açúcar, ou na processadora da soja e seu complexo de cadeias; em outros casos, de presença mais fraca, como na descaroçadora do algodão, no curtume do couro, no enrolamento do fumo, no secamento do café, variantes de relação estrutural-estruturante de internalidade e externalidade.

O PANO E O TRATOR

Primeiro ramo da indústria de transformação brasileira, a indústria têxtil é produzida dentro da agroindústria, antes, dentro da geografia indígena, colada às necessidades de reprodução de sua força de trabalho. O pano já é produzido entre nossos indígenas e encontrado na Colônia na relação cidade-indústria-fazenda em todos os ciclos. A substituição do trabalho escravo pelo misto de assalariamento e campesinato – do colonato ao morador, esta é a nova forma de trabalho – dá-lhe um formato fabril (Oliveira, 1977a). Se o colono e o morador produzem sua própria lavoura de subsistência, a dedicação integral à grande lavoura não lhe permite outro tempo para dedicar-se a produtos não agrícolas, como o pano, deixando incompleta a lista dos meios de reprodução. É preciso, então, ir buscá-los fora. Se a subsistência continua a vir da policultura subordinada à fazenda, o pano tem de ser cada vez mais buscado fora, nas áreas de indústria apartadas da área da monocultura e da policultura. Daí a indústria vir a multiplicar-se em todos os cantos, em todas as províncias (Stein, 1979).

Essa gênese explica sua localização inicial nas próprias áreas da grande lavoura, nutrida pelo mercado e pelos capitais aí originados, bem como pela força de trabalho que utiliza. Crescendo e se multiplicando no seio da acumulação agromercantil. E se organizando na forma do binômio fábrica-vila, de onde parte em descolagem e autonomização para localizar-se na cidade. E se diversificar pelos vários ramos da indústria de bens de consumo não durável, para além da têxtil e alimentícia originária. Então, a fábrica empurra a expansão da cidade para frente e é por ela empurrada em diversidade e porte, migrando para a cidade e trocando o binômio fábrica-vila pelos bairros operários, que são a sua versão urbana, cada vez menos impregnada da relação cidade-fábrica do começo. Aí fábrica e classe trabalhadora crescem juntas com a chegada da luz e do transporte de massa, dinamizando e modificando o desenho do espaço urbano e ajudando a cidade a expandir o comércio e os serviços a caminho de um perfil industrial e terciário. Do mesmo modo que leva a fazenda a também modificar-se numa forma nova de estrutura interna e de relação com a cidade. Cidade e fazenda modificam-se a partir de uma divisão tripartite da agricultura em um ramo de produtos alimentícios, um ramo de produção de matérias-primas para a indústria e um ramo de produtos de exportação. A relação cidade-fazenda se transforma numa relação cidade-campo, ao redor das trocas de bens agrícolas do lado da fazenda e bens industriais e terciários do lado da cidade. Numa forma nova de relação cidade-indústria-fazenda.

O Estado federal subsidia essa transformação com um pé agora na agricultura e outro na indústria, deixando para a esfera estadual o subsidiamento da fazenda e da cidade, com o município centrado sobretudo no dia a dia da cidade, numa demarcação mais clara das funções dos entes federativos. Passos dados no período do Segundo Império, que o período da República mais e mais aprofunda. Trânsito que é marcado pelo debate do destino – um país de vocação agrícola ou um país de vocação industrial? – da natureza socioeconômica da formação social brasileira em desenvolvimento (Luz, 1975). Polêmica encravada no seio da relação entre agroindústria e indústria de transformação, que industriais e trabalhadores respondem a favor do urbano, com acento e direção diferentes (Carone, 1978; Fausto, 1977; Ianni, 1963).

É uma indústria que nasce espalhada territorialmente, mas cuja disseminação vai diminuindo quanto mais avança a crise do café e quanto mais ela avança em seu desenvolvimento. Uma crise de superprodução que o subsídio do Estado impulsiona ainda mais, através a transferência, por meio de ágios, de margem de lucros de outros produtos e áreas de exportação para o café e a área do café, de que a industrialização de transformação vai se beneficiando. Procedimento que descapitaliza as outras agroexportações e capitaliza a agroexportação cafeeira, transfere margens de capital delas para esta, que as transfere para a indústria paulista. Isso engendra um movimento que de imediato não dissolve o parque industrial das outras áreas ou altera a estrutura industrial do país, que segue sendo de indústrias de bens não duráveis de consumo, mas dá origem a um começo de mudança de estrutura e de concentração quantitativa das indústrias no Rio de Janeiro e em São Paulo. Em 1919, dois anos depois do segundo Plano de Valorização do Café, de 1917 (o primeiro, chamado Tratado de Taubaté, data de 1906, e o terceiro, de 1920), 60% do valor da produção industrial (soma dos ramos da indústria alimentícia, 33%, e da indústria têxtil, 27%) estão aí concentrados, e os restantes 40% (somados o restante destes e demais ramos: confecções, calçados, bebidas, fumo, madeira, couro e peles, e mobiliário) se repartindo entre os demais estados. Número que cresce. Da disseminação pelas áreas agroexportadoras ao deslocamento para as cidades, destas para as capitais e daí para a concentração quantitativa em Rio de Janeiro e São Paulo, num percurso entre 1870 e 1939, vê-se a distribuição da indústria de transformação sofrer uma grande mudança. Percurso de tempo contemporâneo ao de grandes rearrumações de espaço. Na Amazônia, com a passagem do ciclo da borracha para o ciclo da castanha. No Nordeste, com a formação dos consórcios algodão-gado, gado-algodão-cana e algodão-indústria têxtil-usina de açúcar. No planalto mineiro, da aproximação gado leiteiro-indústria de laticínios-gado de corte. No planalto paulista, da combinação de fragmentação da grande propriedade e diversificação dos cultivos. No planalto sulino, da separação agricultura-indústria e industrialização da agricultura nas áreas de colônias. No pampa, da diferenciação charque-carne verde e trigo-soja. Concomitância de mudanças acompanhada da autonomização que separa a indústria de beneficiamento do seu nicho agrícola, repetindo a autonomização da indústria de transformação da virada dos séculos XIX-XX. Um quadro de mudanças que converge para a redistribuição dos arranjos e para o início da migração acelerada da população das áreas de agroexportação para as cidades nos anos 1940-1950.

A tríplice ocorrência da Primeira Guerra Mundial, da crise de superprodução-subconsumo de 1929 e da Segunda Guerra encontra a formação social brasileira nessa fase de quebras e rearrumações de ordenamentos de estruturas de espaço. Cria-se o solo propício para o fomento da industrialização por substituição das importações. São três momentos seguidos de interrupção das relações de importação-exportação cujo efeito é um maior impulsionamento do desenvolvimento da indústria de transformação, fato que já vinha ocorrendo. A entrada em guerra dos países de mercado dos produtos primários embarga a continuidade do comércio dos dois lados, interrompendo ou reduzindo fortemente a contrapartida da importação dos produtos industriais daqueles países, com efeito da entrada de divisas de que o Brasil dependia para suas despesas internas e com importações de bens manufaturados, seja de equipamentos industriais, seja de bens de consumo demandados pela população de classe média urbana em crescimento, a classe de população com poder de renda e de compra desses bens. A classe média urbana, obrigada a voltar-se para a indústria nacional – gerada para atender às necessidades da população de baixa renda – e por ela rejeitada por sua baixa qualidade, se torna um inesperado mercado de consumo interno para seus produtos, dando-lhe grande impulso de expansão. Terminada a guerra e retomado o curso da exportação-importação, segue-se a crise de 1929, nova interrupção e um segundo impulso. A indústria nacional, que então ganhara considerável porte, é chamada mais uma vez a atender nova demanda reprimida das classes de renda mais alta e média, crescendo e diversificando seus ramos de bens de consumo não duráveis, e a expandir e melhorar mais uma vez a qualidade de seus produtos. Nesse crescimento expansivo, vale-se dos ágios atraídos pelos planos de valorização cafeeira e margens de capitais vindos da crise momentânea das outras áreas em embargo momentâneo de agroexportação, então liberados e transferidos para investir na indústria nos seus vários lugares. Na área do café e em todas as outras. Investimentos na expansão dos ramos de bens de consumo não duráveis, mas agora também dos ramos de bens intermediários (aço, produtos metálicos, material de construção, cimento particularmente), e, com base nestes, dos ramos de indústria de bens de capital (máquinas e ferramentas), demandados pela própria indústria de bens de consumo não duráveis em sua necessidade de renovação de equipamentos num momento de dificuldade de obtê-los por importação. É quando explode a Segunda Guerra, e com ela um terceiro e mais forte impulso. O país nesse tempo crescera. E com ele a população e o número de cidades. Surge nova estratificação social de classe e de renda na cidade e no campo. E também a própria estrutura e o ordenamento espacial da indústria. E vê-se agora essa mudança ganhar escala.

Dessa vez, a mudança acontece por conta das políticas de multiplicação de estradas e de rede de transmissão de energia do Estado, num desenvolvimento induzido (Mello, 1982). Isso deriva um começo de integração nacional que vai dando origem a uma mudança qualitativa na estrutura e distribuição territorial da indústria, das cidades, da fazenda, e seu consequente desenvolvimento desigual dos espaços regionais e da relação cidade-campo. Relação cidade-campo desigual que se confunde com uma relação inter-regional desigual-combinada – o êxodo rural neste momento tem um caráter de êxodo regional – em benefício de São Paulo. Combinação desigual do todo que também privilegia a indústria de beneficiamento, à mercê das novas técnicas então surgidas de produção do café, da cana e do algodão.

Uma fase da indústria de transformação assim se completa, baseada particularmente na indústria têxtil e na indústria alimentícia à frente do desenvolvimento da indústria de bens de consumo não duráveis, puxando consigo o ramo da indústria de bens intermediários e o ramo da indústria de bens de capital. E pede passagem a uma nova fase, a da indústria de bens de consumo duráveis. O que não é possível sem nova escala da indústria de bens intermediários, porque faz parte da escala da indústria de bens de capital. Pressuposto da amplificação da presença e participação do Estado no terreno da infraestrutura (sinônimo de indústria pesada e setores de meios de transporte, comunicação e energia). Donde o caráter necessariamente nacional do desenvolvimento, mesmo que concentrado no triângulo São Paulo-Rio de Janeiro-Minas Gerais.

Já há nessa quadra um setor de indústria de bens de consumo não duráveis, um setor de bens intermediários e um setor de bens de capital, puxados pelo desenvolvimento do setor de bens não duráveis, que, por volta de 1939, já é autossuficiente. Falta completar o percurso, instalando de vez o setor de bens de capital, e o seu pressuposto infraestrutural já bem andado. E assim fechar o ciclo do desenvolvimento substitutivo com a instauração do setor de bens de consumo duráveis. Trata-se, na verdade, de instaurar-se a estrutura da força produtiva capitalista avançada, o departamento I (bens de capital) e o departamento II (bens de consumo) assentados na integralidade de um só organismo. Tarefa só possível com a presença do Estado (Tavares, 1974, 1977 e 1978). O departamento I é o mercado de consumo do departamento II, e o departamento II, o mercado de consumo do departamento I, a troca recíproca dos produtos em que se inclui a produção agrícola, integrante do departamento II, formando a unidade do todo. Tudo indicando a passagem do espaço da mais-valia absoluta para o espaço da mais-valia relativa (Moreira, 2009 [1980]). A indústria de máquinas e de aparelhos de precisão, do lado do departamento I, e a indústria de automóveis e de aparelhos eletrodomésticos, do lado do departamento II, como núcleos dinâmicos respectivos. De que a indústria siderúrgica, a indústria petroquímica, a indústria de bens intermediários e a usina hidrelétrica (insumos industriais) são o sustentáculo (o conhecido setor de indústria base). A indústria automobilística e a indústria de aparelhos eletrodomésticos formando o centro do regime de acumulação dessa fase, como a indústria têxtil e a indústria alimentícia (sustentadas na importação de máquinas como num departamento I externo) foram da primeira. Daí o papel-chave da esfera da circulação (o sistema de transporte e de comunicação) organizando, ordenando e realizando o valor, tarefa da esfera da produção que sem a esfera da circulação não se conclui. O arranjo nacional do espaço expressa esse quadro com o papel gestor-programador do Estado (Ianni, 1977).

Ramos que compõem os elementos de frente dessa segunda fase, a indústria automobilística e a indústria de aparelhos eletrodomésticos sintetizam todas as suas características, quais sejam, a nova estrutura industrial, a concentração territorial qualitativa da indústria e a integração nacional dos arranjos. De um lado, concentra seus estabelecimentos em São Paulo, em particular no ABC, por tabela no Rio de Janeiro e em Minas Gerais como circundância imediata no Sudeste. De outro, distribuindo os produtos industriais do Sudeste por todos os mercados do país, orientados pelo sistema de transporte e comunicação em função disso originados. A rede de integração sai de e reflui para São Paulo, num completo reordenamento do arranjo disperso dos ciclos históricos de acamamentos. O automóvel, símbolo de consumo da classe média que está na origem da própria industrialização substitutiva, o caminhão, base agora do transporte para dentro e para fora da fazenda até o porto, e o ônibus, meios de deslocamento de massa do espaço do trabalho ao espaço da morada dentro do arranjo urbano da cidade, são os seus agentes local-nacionais (Moreira, 2020b).

Arranjo de espaço em que se máquinas e bens intermediários ficam na retaguarda, transportes e rede de energia ficam na dianteira. Arranjo exemplar, da produção do aço à produção do plástico e do motor ao chassi, da indústria automobilística – nome dado ao conjunto das indústrias de autopeças e de montagem do veículo, dos automóveis, caminhões e ônibus –, estrategicamente localizada ao lado do porto de Santos e do ponto de entroncamento norte-sul e leste-oeste que é São Paulo. Ponto de ida e vinda do longo percurso do produto num fluxo contínuo do ABC aos lugares mais recônditos do país. Longo percurso que integra áreas agrícolas, centros de mineração, nichos de indústrias, núcleos de equipamento terciário, assim fazendas, sítios, cidades, indústrias de transformação, indústrias de beneficiamento, nucleações fabris várias no entremeado do espaço corporificado da nação. Fluxo de rodovias, cada vez mais substitutivas das ferrovias, usinas de escala. Estamos longe do tempo das pequenas usinas da fábrica-vila e das cidades das indústrias de bairros operários.

O elo de integração é o combinado de indústria de transformação e indústria de beneficiamento que avançam por dentro do todo. Ponto-chave da divisão técnica e territorial de trabalho que vai se desenvolvendo como base da agroindústria. Desenvolvendo-se em separado, em paralelo e igualmente dispersas em todos os cantos, as duas formas de indústria vão se encontrando e por fim se fundem em inter-relação com o ciclo da soja, a partir do surgimento da chamada indústria para a agricultura. Elo que faltava à internalização recíproca dos departamentos I e II num modelo brasileiro. E última etapa da industrialização substitutiva de importações.

A base de origem são as pequenas e médias oficinas de ferramentas e manutenção de máquinas que evoluem para indústrias de maior porte junto aos ciclos da cana em Pernambuco, Rio de Janeiro e São Paulo, do café no planalto paulista, da soja, do milho, e criações de aves e suínos nas colônias, do trigo no pampa sulino, do algodão, do fumo, dos cítricos, nas áreas espalhadas do norte-nordeste ao centro-sul no transcorrer do tempo. Onde o capital estrangeiro vai encontrá-las no ciclo da soja (Guimarães, 1979). São estabelecimentos que saem da interioridade das fazendas para alojar-se nas cidades próximas, onde se instalam as indústrias de bens de capital que os transformam em indústrias de médio e grande porte. Indústria de beneficiamento e indústria de transformação aí se fundindo e coincidindo a partir do ramo comum da indústria alimentícia. É o período em que, sob as asas do Estado, as rodovias, os meios de comunicação e as usinas de energia se estendem por sobre as fazendas em escala nacional. Base de infraestrutura a partir da qual indústria e agricultura por fim se fundem a partir da fusão das duas formas de indústria, as indústrias de bens de capital se pondo a montante e as indústrias de beneficiamento a jusante, numa relação para dentro e para fora da porteira com a fazenda.

É quando, pressionadas por questões sindicais e por questões ambientais, as indústrias de transformação se desconcentram da Grande São Paulo e se transferem para cidades médias interioranas, indústria e agricultura, cidade e fazenda, fábrica e agropecuária voltando a coabitar o mesmo arranjo. A indústria do pano e a indústria de trator se encontrando no mesmo lugar.

A USINA E A PROCESSADORA

São dois lados que já nascem um só, com o engenho e a usina. A face do campo e a face da cidade que nunca estiveram separadas. O beneficiamento e a transformação que sempre foram o mesmo. A renda fundiária e o mais-valor que sempre coexistiram. A cidade e a fazenda bifrontes. De que o engenho é a forma atrasada. E a usina, a forma desenvolvida. Faces que explicam o fracasso da experiência do engenho central. A ambiguidade de ser campo e ser cidade num rurbano.

A indústria de transformação e a indústria de beneficiamento são, no entanto, formas de indústria radicalmente diferentes. A indústria de transformação direciona o produto diretamente para o consumo. A indústria de beneficiamento, ao indireto da matéria-prima, ela mesma uma instância de intermediação. Daí a noção corrente de agricultura e indústria, campo e cidade, fábrica e agropecuária como os opostos da troca. A usina de açúcar aparece como um caso de diferença e concordância. A processadora da soja, igualmente. Ambas as indústrias relacionam-se a produtos diretos: a usina, o açúcar; a processadora, o óleo. E ambas destilam subprodutos e âmbitos de matéria-prima: o bagaço para energia, na usina da cana de açúcar; o farelo para a ração, na processadora da soja. Entre uma e outra, a diversidade das formas e dos modos, cada modalidade de indústria de beneficiamento correspondendo nas instalações e equipamentos a um tipo de produto agrícola. A uma forma não fabril de procedimento e maquinaria. A usina de açúcar e a processadora de óleo, e também a vitivinicultura, a indústria de suco de fruta e o frigorífico, atividades de beneficiamento que implicam a forma da fábrica, ao contrário das demais agroindústrias. E a infraestrutura reticular de arranjo das relações de espaço que é própria da organização fabril. Assentadas ambas, a usina e a processadora, na cidade. O restante das formas de beneficiamento forma um tipo de instalação e de meios técnicos nem sempre descolados da fazenda, nem sempre instalados na cidade. Caso do beneficiamento do algodão, do leite, do fumo, do cacau, do arroz. O café ocupando uma situação intermediária.

A usina é o estabelecimento que substitui, por volta de 1870, o engenho na produção do açúcar, depois da experiência malograda do engenho central nos meados do século. Esta substituição e o malogro consagrando a fusão da propriedade da terra e da indústria. Característica que por sinal singulariza todos os ciclos de indústria de beneficiamento – a cana, o café, a soja – que centralizam a economia e a sociedade nacional em algum tempo. A fusão terra-indústria singularizando sua relação básica. A terra e a indústria se dissociam essencialmente ali onde a propriedade é pequena ou média: o algodão, o fumo, a uva, a laranja, o leite. A cana, café, soja, acrescente-se a carne, ao contrário, onde os investimentos são elevados, levam à grande propriedade, à fusão terra-fábrica, sempre com uma forte associação fazenda-indústria-finanças. Fusão garantida na caução da grande propriedade. E na indelével presença dos subsídios do Estado.

Produto do malogro da experiência do engenho central, a usina acabou por ser uma progressão antes de tudo tecno-produtiva, já antes tentada pelo antigo engenho em sua passagem da tração animal, o boi, depois o cavalo, do monjolo ao engenho d'água e ao engenho a vapor, fase já do engenho central, culminando no sistema a vapor e maquinaria de escala da usina (Carli, 1942; Eisenberg, 1977). E seu correlato no transporte ferroviário no lugar do carro de boi e de barcas nos rios. Transformação técnica que na lavoura vai se limitar à troca da variedade da cana. A usina significa uma mudança na divisão técnica do trabalho nas etapas da moagem e do processamento, do cultivo e do transporte, em se tratando de uma passagem da fase da manufatura à fase da fábrica, própria da história do sistema industrial, de que o engenho é parte (Decca, 1982). A própria solução da usina, por fim, se mostra uma modernização capenga, por conta da falta de modernização da lavoura. Lenta na troca do boi pelo o cavalo e a égua (mais velozes); na movimentação das almanjarras; da lenha pelo bagaço para a alimentação das fornalhas; da coivara pela adubagem nos cultivos; do escravo pelo morador na relação de trabalho e de classe; do proprietário-produtor pelo proprietário-fornecedor nos estratos senhoriais; da cana crioula pela cana caiana na qualidade da planta; do massapê e da várzea pelo solo arenoso do topo dos tabuleiros; das relações e forças produtivas da indústria – são mudanças arrastadas que vão se dando desde o esgotamento do engenho, a que a chegada e progressão da usina acrescenta a máquina a vapor no sistema do maquinismo, a irrigação, a adubagem, a planta cruzada, a ferrovia, o distanciamento do canavial, o alargamento do transporte, a concentração fundiária, a cotização, o deslocamento e disputa do mercado interno-externo, o morador de "ponta de rua" no trabalho da usina, a urbanização do trabalho agrícola.

Variações do quadro açucareiro pernambucano se repetem em ambientes diferentes no quadro paulista e fluminense até o advento da indústria sucro-alcooleira. Quadro esse mais calcado na transição do engenho à usina, que de Pernambuco se transporta para todo canto, no Maranhão e Pará, no norte fluminense, no planalto paulista, neste no momento do grande impulso canavieiro da crise do café, a caminho da reedição dos velhos polos da paulistânia e da pernambucânia, agora na reafirmação e diferença do problema da relação terra-indústria. A relação cana-usina repete a mesma combinação agricultura-indústria, cidade-fazenda, fábrica-agropecuária, monocultura-policultura, comprador-fornecedor, concentração fundiário-industrial, poder territorial da relação usina-ferrovia, malogro do engenho central, ausência de divisão territorial do trabalho. Com a diferença de uma progressão do plantacionismo para o consorciamento cana-algodão-gado-indústria têxtil na pernambucânia e do policultivo familiar de autossubsistência e mercado interno para o consorciamento cana-café-complexo industrial da paulistânia. Duas vias distintas da passagem do engenho para a usina. Em Pernambuco, na ponta do consórcio algodoeiro-pecuário-têxtil. Em São Paulo, na franja da sobreposição da lavoura de autossubsistência de mercado transformada na lavoura de autossubsistência rurbana do bairro rural e da cana herdeira do corte urbano-industrial do café. São engenhos – em maioria engenhocas – de aguardente que se transformaram em usinas em disputa com o açúcar pernambucano por seu mercado próprio, mas com a vantagem da disponibilidade de terras que a zona da mata já não tem e do mercado de ramos diversificados de agricultura-indústria de beneficiamento, que continuamente se amplia no planalto (Ramos, 1999). E onde o ponto comum é a forma mista, salarial-camponesa, da transição do trabalho escravo, o colonato no consórcio de diversificação agrícola-grande indústria no planalto paulista e o morador no consórcio algodão-gado-indústria têxtil, que vai dar em diferentes rumos de direção: a estagnação nordestina e a progressão paulista (Oliveira, 1981). O subsídio estatal vindo em busca da equilibração.

Presente tanto numa modernização quanto noutra, o Estado banca uma passagem quanto outra. A experiência do engenho central é impossível sem ele, bem como a transição do engenho central para a usina. O Estado financia em ambas as partes os momentos de transição e regula as concorrências locais seja em Pernambuco ou em São Paulo, através do equilíbrio da distribuição territorial da indústria. São engenhos centrais ligados a capitais estrangeiros, franceses em São Paulo e ingleses em Pernambuco, mas bancados – tanto em um quanto em outro – por subsídios públicos. Ainda, o Estado também intervém no argumento da necessidade de equilibração das disputas de mercado e das relações locais entre senhores de engenho e capitalistas urbanos. Em ambas as áreas, a solução vem na transformação do engenho em usina, não na substituição pelo engenho central, com o senhorio sendo o objeto do financiamento – e sendo todos senhores de engenho em Pernambuco, muitos deles fazendeiros mistos de café e de cana em São Paulo.

Resta o problema do conflito dos fornecedores, acentuado em Pernambuco pela crescente concentração de terras em mãos da usina, atenuados em São Paulo pela disponibilidade de terra seja nas áreas da franja pioneira do café que a modernização canavieiro-açucareira acompanha, seja nas áreas deixadas à ilharga da expansão cafeeira. A época é a da transição geral da Lei de Sesmarias pela Lei de Terras de 1850, mais à frente do regime político da Monarquia para a República e do trabalho escravo para o trabalho livre, a usina exprimindo e implementando esse complexo de passagens.

A diferente forma da transição transforma Pernambuco e São Paulo em dois centros concorrentes do mercado de açúcar na primeira década do século XX. Algo previsto pelo Estado, que intervém agora como regulador da concorrência. A política de subsídio às mudanças coabita com a política de cotas do mercado. Políticas de solução pelo alto. Para dois epicentros marcados pela diferença da base de estrutura: a avançada do colonato e a atrasada do morador e do parceiro. O Estado pactua, então, a disputa pela criação de mecanismos de concertação das diferenças dentro da máquina administrativa. Em 1935, cria o IAA (Instituto do Açúcar e do Álcool), órgão destinado a estabelecer e administrar cotas de produção e de mercado. Antes, em 1931, cria a CDPA (Comissão de Defesa da Produção do Açúcar) para regular as relações entre usineiros e fornecedores. Ambas as instituições atuam pelo mecanismo de preços e visam ordenar as relações norte-sul de disputa de mercado nacional e de direitos locais de participação na produção açucareira. Por tabela, há lá e cá a fome de concentração de terras e de imposição de frete das ferrovias de parte das usinas, que os fornecedores veem como abuso de monopólio da moagem da cana. E os usineiros, como problema de baixo rendimento do plantio. Mobiliza-se numa frente antigos senhores de engenho e fornecedores de cana, além de moradores e foreiros levados pelo temor de dissolução da categoria, ameaça em geral dos primeiros, em Pernambuco, e pequenos fornecedores criados pela fragmentação da grande propriedade cafeeira, também engrossando a pressão dos grandes, em São Paulo. Preocupados com a corrente de mobilização dos moradores e foreiros num canto e dos pequenos num outro, usineiros e grandes fornecedores se unem, o que leva o Estado a criar, em 1941, o Estatuto da Lavoura Canavieira, visando à sindicalização dos trabalhadores rurais e regular e regulamentar o setor canavieiro-açucareiro em nível global.

Solução por cima, a diferença apenas se acentua. A forma de relação de reprodução do todo que ambas as áreas têm por base, embora de mesma natureza, tem contudo conteúdos distintos. O colonato, estendido do café para a cana, viabiliza uma relação local de mercado e estimulação agrícola e industrial, progressão que a relação do morador, ao contrário, não permite, levando São Paulo à formação de um departamento I e departamento II integrados que em Pernambuco a coligação mata-agreste-sertão existente embarga (Oliveira, 1985).

O passo seguinte é a diversificação da produção nos anos 1970, o açúcar e o etanol coabitando a usina transformada em uma sucro-alccoleira, com a adição da destilaria, parte mantendo-se como indústria de açúcar e parte ganhando a escala vertical da cana e do etanol. Propicia esta nova fase a forte política de subsídios, crédito e vantagem fiscal incrementada pelo Estado, privilegiando a indústria de beneficiamento face à indústria de transformação, modernizando tecnicamente e realocando a agroindústria num plano de localização e distribuição territorial para além da oposição São Paulo e Pernambuco, rumo ao planalto central, e assim disseminando o binômio cana-usina numa arrumação de espaço territorialmente mais ampla (Thomaz Júnior, 1996). É a repetição com a usina sucro-alcooleira da trajetória que está seguindo a indústria de processamento da soja.

Assim como a cana, a soja necessita da indústria de beneficiamento para traduzir-se em derivados, mas de forma diferente da cana, na qual o açúcar, bem como a aguardente e o álcool, se desprendem dela como um produto final; os derivados da soja, à exceção do óleo, necessitam uma sucessão de preparos, além de que seu cultivo comporta e aceita consorciamentos, ao passo que a cana é uma cultura solitária. Daí ter diferentes quadros de relação terra-indústria. Todos integrados em um mesmo circuito de reprodução e a partir de uma mesma divisão territorial de trabalho. Impossível de se ver praticado na relação binomial de agricultura-indústria da cana, na relação soja-processadora tal compartilhamento não só propicia um amplo espectro de divisão territorial do trabalho, como também o seu cunho de um arranjo de múltiplas cadeias interligadas de agroindústria. Um complexo agroindustrial de que o próprio binômio cana-usina participa.

Sua trajetória é o consorciamento com o trigo e o milho, este no compartilhamento com o consumo animal, seus grãos podendo visar o consumo imediato, como inicialmente nas áreas coloniais sulinas, ou diversificar-se na torta e no farelo, para o consumo agropecuário, e no óleo, para o consumo humano, usando a indústria de beneficiamento artesanal ou complexo como meio. Com essa propriedade, num perfil cada vez mais comercial, evolui das colônias sulinas do Rio Grande do Sul, Santa Catarina e Paraná, expandindo-se para além desse contorno local-regional. Na trajetória com o trigo, conhece a mecanização, ganha trajetória própria como cultura de pequenas e médias propriedades, consorciamento como adubo verde nos cafezais do norte do Paraná e de novo com o trigo acompanhando a migração gaúcha para o sudoeste desse estado como cultura principal, de onde sobe ao vale do rio rumo ao norte, nos anos 1950. Daí segue, nos anos 1960, para São Paulo, sobretudo para a região de Ribeirão Preto, atraída pela presença das indústrias de beneficiamento criadas pelo ciclo do café, aí já incorporadas pelas culturas oleaginosas como a soja e pela presença também do algodão e do amendoim, além do milho e da cana. Espalha-se e multiplica-se pelo Sul-Sudeste, aqui como cultura de pequenas e médias, ali de grandes propriedades, incorporando e empurrando para frente o mercado das indústrias de beneficiamento. Até que, através do Paraná, nos anos 1960, e de São Paulo, nos anos 1970, chega e se difunde pelo Mato Grosso e Goiás, disseminando-se pelo planalto central como um novo ciclo (Ramos, 1999; Sorj, 1980; Müller, 1989).

A expansão pelo planalto central é acompanhada pela diversidade de culturas e de criação animal, milho, arroz, trigo, aves, suínos com que se consorcia no caminho sulino, do algodão, da cana, do gado bovino, no caminho paulista, e respectivas indústrias de beneficiamento como frigoríficos e processadoras, com as quais vai integrando-se em concentrações horizontais e verticais crescentes. Atividades e cadeias de ligação que nascem e evoluem em paralelo em diferentes lugares junto à marcha da industrialização das cidades, da disseminação do mercado, até com elas cruzar-se no horizonte plano e sem-fim do Centro-Oeste, num só complexo de agroindústria.

A modernização da criação e do abate de bovinos é o primeiro passo, consorciada à fonte de ração que vem do processamento da soja, numa reedição ampliada de sua relação de origem com aves e suínos. Até então insuficientemente integrados, a pecuária e os frigoríficos da cercania de São Paulo, para cujas invernadas a criação de gado de Mato Grosso, Goiás e

Minas Gerais, heranças do ciclo do ouro, tradicionalmente se volta, e dos campos sulinos do Rio Grande do Sul, de ligação histórica com os mercados internos e externos de carne (Valverde, 1984b), vão se ajustando em nova relação ao redor de parâmetros técnicos e biológicos de avaliação de qualidade trazidos pelos laboratórios da indústria. E sobre essa base, migram e se espalham, cerrado adentro, para o norte e a fronteira amazônica, junto à trajetória expansiva da soja. É um ajuste genético, de regime alimentar, de padrões de medição, de modos de manejo de pasto e de abate que aproxima e guarda a história de conflito de fornecedores de gado e donos de frigoríficos, num confronto da classe fundiária tradicional dos pecuaristas com a não menos histórica da indústria de capital estrangeiro, portadora da novidade da técnica, semelhante ao caso do fornecedor de cana e do proprietário do engenho central que vai dar na solução da usina, aqui traduzida na associação histórica da agroindústria e da finança sob a mediação do Estado que se resolve com um mercado mundial de carne em franca expansão.

Relação que se repete, mas aqui com pequenos e médios produtores, nas áreas de criação avícola e suína dos estados sulinos, estimulados pela experiência da modernização bovina. Aves e porcos coabitam ao lado do milho nas pequenas propriedades das colônias, onde vão se separando para se tornar atividades especializadas com a apariação dos frigoríficos. Em particular em Santa Catarina, onde a relação com o frigorífico mais cresce, ao lado de São Paulo, no correr dos anos 1960. Aí a avicultura se expande como atividade especializada à base de pesquisas genéticas e tecnológicas de criação trazidas pelos frigoríficos. E então se expandindo para o Rio Grande do Sul e o Paraná, e logo por todo o Sudeste-Sul. O frigorífico é a componente-chave, o lado da geração e difusão do conhecimento laboratorial da produção e cuidados desde a ninhada ao ponto do abate, que a indústria repassa para o pequeno produtor familiar através de orientação genética e assistência técnica, e este incorpora à criação numa relação de dependência similar ao grande pecuarista.

Trajetória é a mesma da evolução da suinocultura, com a diferença da dificuldade do manejo genético do suíno, de características distintas das aves. São sistemas de reprodução que não se repetem, em particular nos processos de prolongamento e adaptação genética, factível nas aves e impossível de apreender-se nos suínos, obrigando a pesquisa laboratorial a adotar para os porcos uma tecnologia de reprodução seletiva. De que resulta uma maior autonomia dos criadores de suínos frente à maior dependência dos criadores de aves do controle técnico e produtivo do frigorífico.

Tanto na trajetória da pecuária bovina quanto avícola, e ainda na suína, trata-se de uma pesquisa e prática laboratorial que se pauta pela extração do maior proveito da conversão da proteína vegetal em proteína animal, o criatório empresarial conjugando-se a um sistema alimentar que vai da produção do milho, cultivado cada vez em maior escala, até a diversificação dos tipos de ração. Isso resulta no forte deslocamento do criatório para as áreas de processamento da soja, trajetória que significa uma grande transformação para a região Centro-Oeste e Centro-Norte, onde fazendas, sítios, granjas, com sua criação bovina, suína e avícola, junto ao plantio do milho e o permeio de instalações de frigoríficos, que se multiplicam e integram num grande complexo de soja-óleo-carnes (Mazzali, 2000).

OS ESQUEMAS DE REPRODUÇÃO

Da usina cercada de cidades e do traçado de ferrovias cortando o verde infindo dos canaviais à processadora de soja encravada nas cidades cercada das fazendas do complexo soja-óleo-carnes, confluem os ciclos de espaço-tempo do Brasil. A unidade do diverso dos grandes espaços fragmentados pelo mosaico dos acampamentos. O contraponto dos pares de estrutura e conjuntura, política e economia. Pares que aqui se tocam, ali se evitam. Que se transmutam ao tempo que se perpetuam. Mutação e permanência. Ancoradas em um protoespaço que junta o passado da cana-engenho-usina e o presente da soja-processadora em um ser bifronte. O presente que é o passado. E o passado que é o presente (Moreira, 2020a).

Duas componentes, como vagas de fundo que aparecem na superfície em mosaico de grandes e pequenos espaços, trazem consigo a chave do segredo: a mediação sempre recorrente do Estado e a reprodução capitalista pela reprodução do não capitalismo. Componentes ambos onipresentes na fazenda e na cidade como par estrutural da economia e da sociedade. A reprodução não capitalista atuando por dentro. A reprodução estatal, por dentro e por cima.

Os mecanismos são o circuito de reprodução e o ciclo espacial de acumulação, dois níveis que comandam e alinham territorialmente as relações de arranjo das atividades de economia coabitantes de um mesmo ciclo. Como o açúcar, o gado, o fumo, a policultura, na economia da Colônia. O café, a policultura, os outros núcleos de agroexportação na economia da Monarquia. A indústria de transformação e a indústria de beneficiamento nos acampamentos da soja do presente. O circuito de reprodução é o sistema de interação interior da divisão de trabalho que canaliza os excedentes para a reprodução ampliada da forma de capital dominante. E o ciclo espacial de acumulação é a totalidade de sociedade e economia reproduzida pelo movimento interatuante-integrativo do circuito de reprodução. Circuito de reprodução e ciclos espaciais atuantes dentro do mesmo ciclo de espaço-tempo. Conjugando a unidade de estrutura e conjuntura, política e economia, espaço e tempo de cada um (Moreira, 2018).

O ciclo espacial de acumulação açucareira é o primeiro, tendo o circuito de reprodução do capital açucareiro no centro. Sua reprodutibilidade ampliada e permanente é o objetivo do circuito. E seu epicentro territorial, o atual Nordeste, mais exatamente a zona da mata nordestina. O nicho territorial de onde a construção histórica da formação social brasileira parte enquanto berço da pernambucânia – a paulistânia é o outro – e cresce em círculos expansivos de abrangência – em que incorpora a própria paulistânia – até chegar ao limite da integralidade territorial de hoje.

Sua estrutura de base é o engenho, complexo unitário de terra e indústria organizado empresarialmente na *plantation* (Gorender, 1978; Waibel, 1958). Um empreendimento voltado para a produção de um produto de exportação e de alto custo de investimento. No qual, o Estado, já entrado por cima como condição geral de reprodução, entra agora por dentro como compensador de custos, cedendo terras em regime de doação de sesmarias.

Para assegurá-lo, o Estado (colonial português) reitera o conjunto de medidas que tomara pouco antes, organizando a Colônia nos parâmetros administrativos da metrópole. Carente de meios financeiros, a Coroa divide a Colônia em capitanias e a entrega em exploração privada do pau-brasil, recursos florestais e águas, guardados os direitos de monopólio. Se o interesse dos donatários são os recursos primários, os da Coroa logo vão se identificando com a lavoura da cana e o engenho para o abastecimento do açúcar aos mercados europeus. O que logo a leva a substituir o regime privado das capitanias pelo regime público do governo geral, mantendo as capitanias apenas como divisão político-administrativa, incorporadas como capitanias do rei, num sistema misto de centralização e descentralização com as capitanias dirigidas por governadores e a Colônia pelo governador geral. Condição suficiente para dar a forma de superestrutura necessária à economia do açúcar, implementada através de uma diversidade de núcleos canavieiro-açucareiros espalhados ao longo do litoral, de Belém a São Vicente, as capitanias dos extremos. Superestrutura cujo núcleo político é a Câmara, e então o município e a cidade, sede do município e local de localização da Câmara. E cuja infraestrutura é o combinado de grande propriedade sesmarial como base fundiária, o escravismo como regime de trabalho, a monocultura como sistema de cultivo e a agroexportação como objetivo do empreendimento. Infraestrutura e superestrutura de uma sociedade assentada na casa-grande e na senzala, na autarcia e na bênção da Igreja.

A divisão territorial de trabalho das atividades que integram o movimento de reprodução do capital açucareiro é a forma de arranjo espacial do circuito de reprodução. E seu ponto de erguimento como um ciclo espacial de acumulação. Um ciclo de alto custo de investimento. Incrementar uma economia canavieiro-açucareira pede uma geografia que dê conta dos gastos com a terra, a força de trabalho e a manufatura do engenho, além dos custos de transporte, refino e comercialização com o mercado externo, a composição da divisão territorial do trabalho expressando essa condição justamente. De que a montagem e manutenção da manufatura são o gasto mais elevado. E de mais lento retorno. São equipamentos industriais e força de trabalho especializada, altamente exigentes em capitais. Em segundo lugar vêm os gastos com a força de trabalho escravo, seja do plantio e seja da manufatura, parte de gasto mais alto em números absolutos. Por fim vêm os gastos com a terra, reduzidos a nível zero com o sistema de sesmarias na forma da grande propriedade. Há que resolver, assim, o problema do retorno dos gastos com a força de trabalho e a instalação e manutenção da indústria. Por onde entra o papel da política de doação de terra e da grande propriedade, visando compensar os gastos com os dois outros fatores. O sistema de sesmarias transborda a própria órbita do fator terra. Ao lado de reduzir o acesso à terra a zero pelo sistema de doação, o efeito do sistema de sesmarias se multiplica com o direito de venda e arrendamento da terra pelo sesmeiro e a disponibilidade de solos e demais elementos naturais garantida pela extensão da propriedade, uma escala em princípio infindável de terras a explorar. O gasto com a força de trabalho escravo por sua vez é reduzido pela proliferação de ilhas de policultura que vão se multiplicando espontaneamente (a prioridade quase exclusiva do sistema de sesmarias é a instituição da grande propriedade como regime fundiário da Colônia) na própria área do monocultivo da cana e do engenho e das fazendas de gado (a grande fazenda de subsistência, no dizer de Caio Prado Jr.) que se multiplicam igualmente nas cercanias da *plantation* açucareira, policultura de subsistência e fazendas de gado, compensando com o baixo custo da reprodução o alto custo da manutenção e reposição do trabalho escravo. Restam os gastos com montagem e manutenção de equipamentos do engenho, obtidos com empréstimos e juros a custo elevado no mercado financeiro, geralmente holandês – o que explica a invasão e ocupação holandesa de Pernambuco de 1630-1654 –, fonte do financiamento também da compra de escravos, transportes, refino e comercialização do açúcar nos mercados da Europa, resolvidos por meio da divisão territorial do trabalho que inclui, além da policultura e da criação de gado, o fumo, moeda de troca do tráfico de escravos no continente africano, e a cana dos fornecedores, plantadores que cultivam a cana e não têm a propriedade do engenho, obrigando-se a moer e pagar com parte do lucro a moagem no engenho de quem tem, jogando para baixo os gastos de sua instalação e manutenção.

A zona da mata é o centro de gravidade integrada pela cana, policultura, gado e fumo, pelas pequenas oficinas que formam com o engenho o conjunto das indústrias de beneficiamento, pelas oficinas domésticas de utensílios e do pano que formam a indústria de transformação da *plantation*, pelas áreas de preação do escravo indígena e áreas de traficação do escravo africano, além das praças europeias de financiamento e mercado de consumo, num mesmo arranjo de divisão territorial de trabalho. Isso forma nessa escala extensiva a geografia do açúcar da Colônia.

Das ilhas de policultura da circundância saem os alimentos de origem agrícola. Das fazendas de gado, desde o Maranhão e o Piauí, remotamente o Grão-Pará, até o agreste e circundâncias de Salvador e Recife, saem a carne, logo também a carne de sol, e o couro, usado para a fabricação de comodidades e utensílios. Do fundo do recôncavo baiano sai o fumo de rolo que chega à África em comércio triangular fumo-açúcar-escravos. Da distância da paulistânia e do oeste amazônico sai a força de trabalho indígena. Da distância do continente africano sai a força de trabalho do negro transplantado para a Colônia. Por fim, das imediações do engenho sai a cana dos fornecedores. Cada parte desse arco de compensação das perdas do açúcar transferindo por meio das trocas a margem de excedentes de lucro e renda que vão substanciar o lucro e a renda da reprodução açucareira ampliada (Furtado, 1971; Prado Jr., 1979; Sodré, 1963). Circuito de reprodução do capital do açucareiro, a divisão territorial do trabalho dito em outras palavras, que tem na policultura e nas fazendas de gado sua peça-chave. Fontes – a policultura independente, que divide sua produção entre o mercado da *plantation* e o mercado das cidades, e a policultura dominial, exclusiva da *plantation*, e cuja produção oscila com os humores do mercado externo do açúcar, mais as fazendas de gado – que se afastam da zona plantacionista seguidamente, mas dela nunca se descolam, ligadas umbilicalmente através das feiras do agreste, de onde saem os suprimentos alimentícios. Chave da reprodução da relação fazenda-cidade, por suposto da Colônia como um todo, de todo o sistema da sociedade colonial.

A lógica dessa rede de arranjo é a reprodução ampliada do capital açucareiro. Centro da vida econômica da Colônia e fonte dos lucros que vão alimentar a acumulação primitiva europeia. Reprodução que sintetiza o balanço de compensação interno-externa dos lucros e expropriações do capital açucareiro. Lucro do qual sai o dízimo para a Coroa. O ganho dos comissários, comerciantes que atuam na mediação da rede de importação-exportação sediada em Recife. O juro do transportador, comerciante, refinador e financiador holandês. Que o plantacionista dono de engenho recupera, por sua vez, na relação de expropriação com fornecedores. A relação de constrangimento intrassetorial vem do fato de a maioria da classe senhorial não dispor de engenho em sua propriedade, tendo de moer sua cana no engenho do proprietário vizinho. Uma relação de obrigação que lhe custa em torno de um terço dos ganhos da venda do açúcar. Que senhor proprietário e senhor não proprietário transferem para o policultor e o pecuarista com os seus excedentes mais propriamente voltados para os gastos de reprodução e reposição da força de trabalho escrava. E forma o quadro de base da dialética de superfície e de fundo dos arranjos do espaço.

No vasto sertão estão os senhores das fazendas de gado e os artesãos, homens livres e comerciantes das cidades das serras úmidas. Estes a classe dos usurários do consórcio algodão-gado intermediadores da passagem da indústria do pano à indústria têxtil que se replica nas cidades do agreste e na zona mata amplifica-se nos comissários de importação-exportação do comércio do Recife. Na zona da mata estão os senhores com engenho e senhores sem engenho, seus canaviais e suas casas-grandes e senzalas, secundados no recôncavo baiano pelos produtores do fumo. Extratos coloniais de cima que se desdobram no plano externo no comerciante, no transportador e no financiador, com suas casas de exportação-importação nas praças de Olinda e do Recife e de Amsterdã, simultaneamente. Contrastados nos extratos de baixo em todos os cantos pelos policultores familiares, aqui homens livres, ali moradores ou foreiros, e na zona da mata pelos escravos e no sertão pelos peões semilivres, como a base de tudo.

Quadro dos conflitos sociais cujo fio da meada é na ponta de cima a relação plantacionista-comissário num plano e a relação plantacionista-financiadores externos num outro, e na ponta de baixo, a relação senhores-escravos. Com a massa de homens livres no meio. Causas, na ponta de cima, a relação plantacionista-comisssário da Guerra dos Emboabas, de 1710, que vai retroalimentar mais à frente as guerras de Pernambuco e Nordeste de 1817, 1824 e 1848, e a relação plantacionista-financiadores externos das Guerras Holandesas. E, na ponta de baixo, a relação senhores-escravos da Guerra de Palmares. Guerras nas quais ora a relação cidade-fazenda e ora a relação cidade-cidade formam o suporte seminal.

A Guerra dos Emboabas, a forma típica de conflito cidade-fazenda da Colônia, é o fruto do conflito da aristocracia fundiária e da aristocracia ao redor do controle formal do poder econômico e político do circuito da reprodução açucareira. A aristocracia fundiária – escudada na Câmara de Olinda – reclama o direito de representação exclusiva da Colônia junto à Coroa. A aristocracia comissária – escudada na Câmara do Recife – do direito da primazia, no argumento da representação por igual. As duas classes, atravessadas pelos problemas de expropriação e compensações nas relações externas e internas com os outros estratos, chegam às vias de fato por meio da guerra, cujo resultado é a decisão favorável da Coroa ao pleito dos comerciantes. É um conflito provocado pela proibição de continuidade do comércio dos holandeses com a Colônia portuguesa.

Tal proibição foi feita pela administração filipina, à testa da União Ibérica, expressando as disputas históricas entre Espanha e Holanda pelo domínio do mercado continental, da continuidade do comércio da Holanda com a Colônia, ocasionando a invasão da Bahia, malograda em 1624, e a invasão vitoriosa de Pernambuco em 1630, que perdura por 24 anos, até sua derrubada e expulsão em 1654. São os anos em que por dentro desse conflito de plantacionistas e financiadores externos cresce e ganha corpo o conflito entre plantacionistas e comerciantes, fruto da transformação de Recife de um complemento portuário numa importante cidade pelos holandeses. É o período em que a pernambucânia fica, do Sergipe ao Ceará, sob o domínio da Companhia das Índias Ocidentais, de capitais privados holandeses, obliterando o poder seja da aristocracia fundiária e seja da aristocracia comissária, e motivando a marcha unida pela dissolução do domínio. As duas partes entrando em guerra pelo controle e reconhecimento do poder político meio século depois.

Já a Guerra de Palmares é a decorrência do conflito entre senhores e escravos, num momento de desguarnecimento das aristocracias face o domínio da conquista holandesa. Efeito e forma de realização do conflito entre senhores e escravos, as fugas individuais ou coletivas de escravos das fazendas para as áreas de matas e serras da encosta oriental da Borborema na parte hoje de Alagoas, então pertencente à capitania de Pernambuco, ganham grande volume, vindo a formar em diferentes pontos do refúgio reconstituições das formas coletivas das áreas originárias abatidas pelo apresamento e traficância para o Brasil. Aí se fixando e descendo para o confronto ou o comércio com as fazendas das planícies costeiras, resistindo e derrotando incursões sucessivas de tropas governistas vindas de Pernambuco e Bahia, até que, ao fim, Palmares é derrotado pelas tropas paramilitares de bandeirantes contratadas pela aliança aristocrática.

O advento da usina marca o fim dessa fase do ciclo espacial de acumulação colonial, engendrando uma fase nova com base de apoio em um circuito não capitalista de reprodução capitalista, no sertão e agreste com a parceria e na zona da mata com o morador no lugar do trabalho escravo. As relações de espaço apoiando-se na mesma divisão territorial do trabalho, mesmos setores de atividade, mesmas áreas de localização, mas formas de relação de trabalho novas.

Muda a superestrutura. Permanece a velha infraestrutura. Interligadas num todo de interações novas dentro do mesmo modo de arranjo. Sai o velho Estado colonial português e entra o Estado-nação. Sai o trabalho escravo e entra o trabalho do morador e do parceiro. Sai o fumo e entra o algodão. Sai a policultura dispersa pela mata e sertão e entra a policultura concentrada no agreste. A fazenda de cana e a fazenda de gado continuam senhoras de suas áreas, mas articuladas pela mediação do consórcio da cotonicultura e da indústria têxtil (Oliveira, 1981). O Estado mantém-se como condição geral, agindo por dentro via subsídios, seja para a modernização da relação algodão-gado e seja da relação cana-usina, e por cima via instalação de rede de transporte e energia que avança cortando e interligando mata, agreste e sertão numa mesma unidade de espaço. A reprodução do capital açucareiro segue sendo o centro, compensada agora pelo repasse das perdas de expropriação face o sistema financeiro para as formas não capitalistas da parceria na área do algodão-gado e do morador e do safrista na área da cana-usina de reprodução do trabalho.

O algodão é aqui peça chave de unidade da ordenação global de espaço. É uma cultura que faz a travessia dos diferentes ciclos do passado, plantado em diferentes lugares nas diferentes fases, desde a associação com a cana na primeira fase até a associação com o gado na segunda fase do ciclo açucareiro, reproduzindo-se aqui e ali como um subciclo, até fixar-se nos contornos da fronteira de Pernambuco, Paraíba e Rio Grande do Norte, na calha da depressão interplanáltica pós-Borborema, como uma cultura de expressão própria.

Presente na produção do pano em todas as fazendas e cidades no longo do tempo junto à autarcia da cana e do gado por conta de sua origem nativa, o algodão vira um surto comercial nos meados do século XVIII com a independência americana, começo do século XIX com as Guerras Napoleônicas e meados desse mesmo século com a guerra civil americana, enquanto matéria-prima fundamental da eclosão e desenvolvimento da Revolução Industrial europeia, se alastrando à base do trabalho escravo pela pernambucânia de Pernambuco ao Ceará e Maranhão, até fixar-se no trabalho da parceria à meia e à terça e da pequena produção independente ao consorciar-se com o gado no eixo agreste-sertão como matéria-prima da própria marcha da industrialização brasileira. Fase em que se torna um elemento de base global. De um lado, no sertão-agreste, na consorciação com a reprodução da pecuária, via seu acoplamento com a policultura de subsistência e o restolho deixado para a alimentação do gado, de outro, no agreste-mata, na consorciação da reprodução açucareira, via seu acoplamento com a indústria têxtil. Quadro que de uma ponta a outra o consorcia à intermediação mercantil-usurária, atraindo a atenção da acumulação mercantil desde a passagem da fase dos descaroçadores às bolandeiras no preparo do algodão bruto como matéria-prima para a exportação no campo até a fase da sua incorporação como matéria-prima internamente voltada para a produção da indústria têxtil. Numa evolução de relação cidade-indústria-fazenda, à semelhança da passagem do engenho para o engenho central e a usina, aqui se desloca da fase da indústria do pano na fazenda para a da moderna indústria têxtil nas cidades. Duas faces regionais de elaboração própria que se unem na reciprocidade global da reprodução do açúcar (Andrade, 1973; Oliveira, 1981).

O café com o seu duplo de indústria de beneficiamento e indústria de transformação formam um segundo ciclo. O Estado entra no ciclo como condição geral também aqui com a doação de sesmarias inicialmente, seguida de subsídios à produção, depois a reestruturação e expansão da infraestrutura portuário-ferroviária e por fim os planos de valorização cafeeira na passagem da fase do café à fase industrial. Já a reprodução do trabalho entra por dentro das relações, primeiro com o mecanismo de alongamento da duração do trabalho escravo e em seguida com a instituição da forma não capitalista do colonato.

Tal como no ciclo da cana, depois do ouro, a terra entra como um meio de compensação dos custos de implantação cafeeira na fase escravista com que se inicia, logo substituída pelo sistema de acesso pelo mercado com a lei de 1850 na fase capitalista que se segue. Embora os custos sejam aqui mínimos em relação à forma do beneficiamento, pesando mais fortemente as despesas de aquisição e reposição da força de trabalho escrava. Despesas que vão se invertendo com o avanço da atividade cafeeira, e o custo da força de trabalho vai aumentando com a progressiva abolição do trabalho escravo, a começar da abolição do tráfico no mesmo ano de 1850, e a terra vai se tornando fator de produção mais caro com a implantação do sistema de mercado (Martins, 1981). O alongamento da duração do tempo de emprego do escravo na produção vai se valendo de sua substituição pelo uso de máquinas no processo produtivo e do transporte ferroviário na esfera da circulação, de modo a concentrar seu emprego nas atividades de plantio e beneficiamento industrial. Quando então o escravo é substituído pelo colono.

O circuito de reprodução serve-se por isso de uma forma de divisão territorial do trabalho que parte já da própria estrutura interna do arranjo cafeeiro, combinando monocultura e policultura no mesmo âmbito de localização, articulando uma atividade e outra entre as fileiras do café. Forma de divisão territorial de trabalho que é a mesma para o período escravista e para o período de transição do colonato, com a diferença da natureza socioeconômica da relação. Ordenando-se em um e em outro momento numa forma de relação cidade-fazenda que incorpora na progressão uma forma de relação agricultura-indústria em que se combinam café e oficinas (logo evoluídas para a forma de pequenas e médias indústrias de produção de máquinas e manutenção) para o beneficiamento, que faz a relação cidade-fazenda ir ganhando o formato de uma relação cidade-indústria-fazenda, a caminho de transformar-se em relação cidade-campo. Indicando o papel crescente da indústria nas transformações da cidade e da fazenda nas estruturas respectivas de arranjo do espaço. Divisão territorial do trabalho que inclui as áreas próximas, herdadas do ciclo do ouro, onde o cafeicultor vai buscar força de trabalho e suprimentos alimentícios necessários à reprodução do trabalho escravo, as áreas distantes do ciclo canavieiro nordestino, onde vai buscar o grosso da força de trabalho escrava trazida da *plantation* em crise, seguida de força de trabalho assalariada na fase avançada de capitalização das fazendas do café e da marcha da indústria nas cidades, e ainda das colônias e do pampa sulinos, de onde vêm suprimentos alimentícios, utensílios e o charque que complementam o estoque da reprodução da força de trabalho. A que a crise cafeeira vai juntar os excedentes do lucro de exportação da borracha da Amazônia, do algodão do sertão-agreste do Nordeste, do açúcar da zona da mata, do cacau do sul da Bahia, da carne e do charque do Sul, capturados na forma de ágios. Ágios que são a chave da transformação do ciclo do café em um ciclo industrial-cafeeiro na primeira metade do século XX, a caminho do ciclo da cadeia soja-carnes-óleo da segunda metade (Foweraker, 1982). E é a forma como a solução de continuidade agroindustrial cafeeira contraposta à solução urbano-industrial do ciclo do ouro consuma a formação social brasileira como um modo combinado de indústria de transformação e de indústria de beneficiamento de produção na interioridade da agroindústria.

A instalação cafeeira implica menos gastos que a canavieiro-açucareira, restrita, pois, à terra, à força de trabalho e ao setor mais modesto de equipamentos, significando uma relação de perda-compensação intradivisão territorial de trabalho distinta. Tal como na economia canavieiro-açucareira, o Estado entra com a terra concedida em sesmaria, mas a força de trabalho e os equipamentos parte são adquiridos com capitais internos acumulados e transferidos do ciclo do ouro e do ciclo da cana para o café e parte com capitais externos de origem inglesa e americana (Melo, 1969; Castro, 1969). A forma de compensação vem, então, da policultura de subsistência praticada junto às fileiras do café pelos próprios escravos e da policultura das áreas externas ao café. Esse é o quadro precisamente do circuito de reprodução do ciclo espacial cafeeiro da fase do vale do Paraíba. A *plantation* cafeeira aí compensa com a policultura (interna e externa) as frações de perda do lucro transferidas para as casas exportadoras localizadas nas áreas portuárias do Rio de Janeiro e São Paulo. O panorama muda com a fase cafeeira do planalto paulista. No qual a acumulação cafeeira se multiplica e mesmo se reforça com a migração de capitais internos vindos da abolição do tráfico. A concorrência externa força a exigência do emprego de máquinas no sistema de beneficiamento. A interiorização das fazendas força a interiorização e multiplicação das ferrovias. A expansão das ferrovias força a reestruturação das cidades portuárias. O volume da acumulação cafeeira aumenta, onde é daí que saem os capitais que vão levar a cafeicultura a interiorizar-se mais ainda. A acumulação cafeeira acabou alimentando a especulação de terras virgens, fazendo surgir a estratificação e a relação de financiamento entre os próprios cafeicultores, além de ter originado a casa comissária e seu controle sobre a produção e a comercialização do café. Isso se deu como uma bola de neve de multiplicação de fazendas, cidades e ferrovias que levou a divisão territorial do trabalho e o circuito da reprodução cafeeira a amplificarem-se continuamente.

A base da reprodução é a forma que ganha aqui a relação combinada de monocultura e de policultura própria à ecologia do café. A unidade espaço-temporal de monocultura e policultura dentro da fazenda. O duplo de assalariamento e campesinato do colonato. A possibilidade do colono de acumular. Reproduzindo-se e reproduzindo o capital cafeeiro num mesmo ritmo de espaço e tempo. A diversificar e colocar suas atividades entre a fazenda e a cidade. Com o que o comércio se expande dentro da própria divisão territorial do trabalho cafeeiro. As cidades se urbanizam, se multiplicam e se estratificam. As fazendas se reestruturam, se reordenam e se diferenciam em sua organização espacial. O baronato se torna absenteísta e se urbaniza. A indústria de beneficiamento se descola da fazenda e migra para a cidade. A relação cidade-fazenda se torna uma relação cidade-campo.

O caráter campesino-assalariado do colonato e o absenteísta do baronato dão à cidade um novo cunho, seja pelo fluxo regular dos alimentos enviados pelo colono e seja pela transferência da renda agrária para aplicação em renda urbana pelo barão, bem como à fazenda, seja pelo fluxo de serviços e bens industriais de beneficiamento e de transformação enviados para a fazenda pela cidade, seja pelo retorno de alimentos e matérias-primas enviados à cidade pela fazenda, numa forma de capitalização recíproca. Convertendo a relação cidade-fazenda em uma relação cidade-campo. Uma relação que se pode supor já embrionária desde os primórdios da paulistânia, de que a forma rurbana de bairro rural advinda do retorno migratório da população de volta das minas do ouro para o planalto paulista é já uma forma de manifestação. De resto, um desenvolvimento que a acumulação imobiliária ao lado da acumulação mercantil, à semelhança da intermediação mercantil sertão-agreste-mata da centração de Recife, aqui na cafeicultura de São Paulo, vai estimular, logo confundidas à acumulação agrária e imobiliária rural das regiões de frente pioneira. Levando o todo a integrar-se, da casa comissária à rede bancária, no amplo quadro de um só complexo cafeeiro (Cano, 1983; Silva, 1976).

A fórmula do duplo monocultura-policultura/campesinato-assalariamento do colonato é a chave do processo. E a multiplicação e expansão contínua da fronteira em movimento, o seu pressuposto. A origem dessa fórmula é a curta duração do tempo duplo da cultura do café e dos meios de subsistência, tempo dos quatro anos de formação e maturação do cafezal, findo os quais só resta ao colono trabalhar em separado a colheita e manutenção do cafezal e o plantio de nova policultura, forma nem sempre mais propícia ao melhor proveito monetário, ou então migrar continuamente para áreas novas, onde a fronteira em movimento não para (Waibel, 1958; Martins, 1975, 1981; Becker, 1982). A fronteira em movimento resolve o problema. Terminado o contrato em vigência, põe-se para o colono a alternativa de acompanhar o movimento de expansão, abrindo novo contrato que lhe garanta em áreas novas a possibilidade da plantação contígua, a acumulação contínua e a compra do seu próprio sítio motivo da migração, a abertura do seu negócio ou a inversão na habilidade artesanal de reparo ou produção de máquinas de beneficiamento, que ele traz da tradição de unidade de agricultura e indústria das áreas rurais de origem. Assim o colono monta oficinas de manutenção ou pequenas indústrias de máquinas agrícolas, em demanda contínua com a expansão do café, da cana, do algodão, do amendoim na trilha ininterrupta da fronteira, vindo a migrar para a cidade em expansão, e é transformado em industrial, onde, por fim, nessa nova função se instala.

Base de reprodução de todo o sistema, essa relação dinâmica é por isso mesmo também o gatilho da passagem da fase da cafeicultura para a fase industrial do ciclo do café. Fase da superação da crise e sobrevida que vai fazer o café seguir como o principal produto de exportação até 1959, quando é superado pelos produtos manufaturados fruto da revolução industrial do governo Juscelino (Baer, 1983).

O mecanismo de ágio que transfere e injeta frações de lucros das demais exportações para a regulação e sustentação dos preços do café é a fonte de origem dessa mudança. Injeção de margens de excedentes que, contraditoriamente, acelera a marcha expansiva da fronteira, aumenta a produção e leva à formação de cafezais novos ao lado de cafezais velhos, com média de produtividade e renda fundiária sucessivamente mais baixas, eternizando a crise. Mas com isso engendra a fragmentação da propriedade cafeeira, diversifica e assalaria a agricultura com o desenvolvimento das culturas do algodão, do amendoim, do milho, do gado leiteiro e do gado de corte, ao lado da reafirmação e expansão da monocultura canavieira, expande as relações de troca entre o campo e a cidade, difunde e multiplica o número de indústrias de beneficiamento, criando e difundindo velhas e novas formas de agroindústria, entre elas a indústria do açúcar, a indústria de oleaginosas, como do algodão, do amendoim, do milho, a indústria de laticínios e frigoríficos de aves, suínos e bovinos. Industrializando fazendas e cidades. E, ao fim, a economia como um todo.

Um amplo desenvolvimento social e econômico tem assim lugar. Uma parte desse acúmulo de excedentes se transfere para a indústria de transformação, a de consumo de não duráveis, particularmente têxtil e alimentícia, e a metal-mecânica, puxada pela demanda da indústria de máquinas de beneficiamento. Outra parte passa para os serviços urbanos, energia, comunicação e transporte de massa, aprofundando a transformação da relação cidade-indústria-fazenda em uma relação cidade-campo sucessivamente mais ampla e anunciando o renascimento da sociedade urbana ensaiada pelo ciclo do ouro e obstada justamente pela solução de continuidade do ciclo do café.

A soja e a cadeia de agroindústria que a acompanha formam o terceiro e atual ciclo espacial de acumulação. No fundo, é uma decorrência direta do duplo de indústria de transformação/indústria de beneficiamento do ciclo cafeeiro. A pré-modernização agroindustrial que a revolução industrial aprofunda e nacionaliza. E toma conta da formação social brasileira no curso presente. Seu ponto de partida é o desenvolvimento e autonomização da indústria de máquinas e equipamentos de beneficiamento agropecuário que acompanha a modernização da agricultura trazida pelo desenvolvimento da indústria de transformação recente, levando a soma desses dois planos de indústria à sua combinação máxima. E tem na marcha expansiva da soja o seu principal veículo.

O casulo é a relação agricultura-indústria dos núcleos coloniais do sul, de onde sai a divisão territorial de trabalho que separa e estabelece em nova forma a relação uva-vinho, aves/suínos/bovinos-frigoríficos, trigo-moinho, soja-óleo, e responde pelo perfil distintivo que faz diferir o modelo industrial de indústrias pequenas e médias do Sul do modelo de complexo industrial do Sudeste. Com que estimula o desenvolvimento do parelho da indústria metálica, indústria de bens de consumo e indústria de bens de capital, de um lado, e indústrias de beneficiamento de produtos agrícolas e pecuários, de outro, todas, *grosso modo*, de pequeno e médio porte, a não ser a frigorífica do pampa, mas no geral consorciadas num tripé agricultura-indústria de beneficiamento-indústria de transformação, também nisso diferindo da indústria do Sudeste, que daí se difunde pelo Sul-Sudeste e ao fim Centro-Oeste e Centro-Norte desde o começo. Quadro dentro do qual a soja, modelizando sua forma de organização agroindustrial própria, vai dar sua arrancada rumo ao complexo de cadeias de agroindústrias de hoje.

Primeiro com a transformação do grão em farelo, ração e óleo, sempre num consórcio soja-milho, ainda dentro da divisão territorial de trabalho das colônias. Depois, consorciando-se e mecanizando-se com o trigo em grandes propriedades no pampa. Vem então o cultivo em médias propriedades e esmagamento com máquinas alugadas e adaptadas de outras culturas, em progressão no Paraná. O deslocamento para o noroeste de São Paulo, com igual estrutura e funcionamento, incorporando as estruturas de agroindústria aí surgidas. Por fim, chegando e espalhando-se pelo planalto central e rumo à fronteira amazônica, numa estrutura de complexos a partir do combinado soja-óleo-carnes. Um complexo apoiado num suporte de indústria de transformação e indústria de beneficiamento interrelacionadas numa organização em porteira ao redor da fazenda. Essência de sua estrutura de circuito de reprodução. E deste como base do seu ciclo espacial de acumulação.

A ascensão da soja e a decadência do café são concomitantes. Bem como a marcha da indústria de transformação e da indústria de beneficiamento que nascem e evoluem em separado, ao tempo que geminadas no todo evolutivo da economia agroindustrial. O momento comum da curva industrial nacional dos anos 1950 a 1970. O café está no estertor. A soja está no ascenso. E a indústria de transformação vive sua fase final de substituição de importações, a dos bens de capital. Já olhando para o arremate da indústria para a agricultura. É a indústria que vai promover o encontro da indústria de transformação e da indústria de beneficiamento e dar o tom moderno da agroindústria dos anos 1980 (Guimarães, 1979). Com ela surge a trilogia indústria de transformação-fazenda-indústria de beneficiamento: a indústria de transformação é posta a montante e a indústria de beneficiamento a jusante da porteira da fazenda – numa relação de dentro-fora que muda a fazenda, muda a cidade e muda a relação cidade-fazenda histórica com centro na cidade. Este é o período do mercado externo de *commodities*. E do mercado interno de alimentos processados, serviços e de manufaturados. Da indústria de transformação que sustenta a agroindústria. E da agroindústria que se sustenta na indústria de transformação. Tempo, lá e cá, de urbanização (mais de metade da humanidade passa a morar em cidades e metade dessa metade em grandes metrópoles) e de generalização do transporte individual e de massa. Dos shoppings e supermercados. Do *agrobusiness* e do rentismo como forma de economia mundial (Chesnais, 1988; Braga, 2000; Harvey, 2004; Wood, 2014; Moreira, 2022)

O Estado é o elo fundamental da inter-relação. Seja no plano geral da infraestrutura, seja no específico de cada setor de agroindústria, sua presença é o elemento que promove a formação de cada parte e do todo da trilogia numa relação interdepartamental no sentido de orientar e organizar as interações internas. Dois são os modos básicos dessa intervenção estatal, ordenando e integralizando cada recorte de espaço da divisão territorial do trabalho do circuito de reprodução do capital sojicultor: a montagem da infraestrutura de transporte, comunicação e transmissão de energia e a organização do sistema de crédito e os subsídios. A constituição do sistema de circulação forma o quadro geral do movimento e realização do capital. O sistema de crédito e subsídios, o quadro do financiamento que injeta a condição de sua continuidade. Se os meios financeiros garantem a continuidade da produção, os meios de transferência garantem a continuidade do movimento da esfera da circulação. Geração e realização do valor sendo amparados na garantia do Estado (Delgado, 1985).

São os créditos e subsídios que estão presentes na modernização da relação aves-suínos-bovinos-frigoríficos, cana-usina-destilaria e soja-óleo-carnes do complexo industrial, seu avanço expansivo e quebra dos riscos de retorno. E tem o mesmo propósito a relação rodovia-usinas de energia-fazendas que integraliza todos os espaços-tempos de acamamento que o circuito da soja une no longo do arco amazônico do Centro-Norte num só ciclo espacial de acumulação. O ciclo que une a porteira e o supermercado.

A CIDADE
E O URBANO

A relação cidade-campo é o eixo sobre o qual se ergue e se organiza a formação social brasileira enquanto forma desenvolvida de relação cidade-fazenda. A forma de estrutura de espaço pela qual, com o desenvolvimento da divisão territorial do trabalho e das trocas trazido pelo desenvolvimento da indústria, a relação cidade-fazenda passa a existir, ganha arquitetura nova e sob essa roupagem muda o modo como arruma e organiza o arranjo do espaço da sociedade na sequência do tempo. Cidade e fazenda se organizando de novo modo nas relações entre si e em suas respectivas relações internas, à medida que as relações de mercado se tornam dominantes nacionalmente, com a população se descolando da fazenda e se redistribuindo territorialmente a favor da cidade. Num modo globalmente novo de ordenamento do espaço. Tem-se chamado urbanização a esse movimento num equívoco do conceito. Fruto de um equivocado entendimento conceitual entre cidade e urbano. O urbano visto como o número, quando, na verdade, é o conteúdo. A franquia das acessibilidades, chamadas acessibilidades urbanas. A cidade sempre existiu. A franquia das acessibilidades, de quando em vez (Lefebvre, 1969 e 1999).

A evolução da formação social brasileira assenta-se nessa relação da cidade sem o urbano, justificada na ideia da cidade sujeitada à hegemonia da fazenda, a fazenda senhora e plenipotenciária do poder político da Câmara, que a cidade apenas sedia. A cidade da relação cidade-fazenda que a indústria, mãe e geradora da troca, transforma em relação cidade-campo, a cidade por fim tornada hegemônica. Não se prevê uma sociedade bifronte assentada na relação indústria de transformação e indústria de beneficiamento que transcende a pura relação agricultura-indústria, separada e reinscrita no domínio da indústria sobre a agricultura pela hegemonização da cidade sobre o campo. Agricultura e indústria, ao contrário, aqui existindo e coexistindo como faces do rosto de um mesmo corpo, a agroindústria, cujas pernas são a indústria de transformação e a indústria de beneficiamento, ramos da árvore do mesmo tronco.

Do que decorre o combinado de estrutura e conjuntura em que a indústria de transformação aparece como o polo dinâmico, mas o movimento da indústria de beneficiamento é o polo estrutural-estruturante. Quadro de relação inscrito nos marcos de ordenamento de território do circuito de reprodução de cada ciclo de espaço-tempo. E visibilizado com transparência nos marcos de arranjo de espaço dos ciclos espaciais de acumulação. É a indústria de beneficiamento que no estágio desenvolvido determina o modo de inserção da agricultura na estrutura bidepartamental enquanto força produtiva própria da formação capitalista avançada, alojando parte da agricultura no departamento I e parte da agricultura no departamento II, segundo a função que se prevê para o papel da indústria de transformação. A história dos saltos de qualidade ciclo a ciclo na trajetória do desenvolvimento em ciclos do ciclo da cana ao ciclo do café e ao ciclo da soja expressando os momentos dessa configuração de estrutura. A forma de interação das duas modalidades de indústria definindo a estrutura de relação bidepartamental (na verdade uma trilogia indústria-fazenda-indústria) que ao fim se vai ter de modelo de socioeconomia.

Trata-se de um caminho e forma de estrutura diferentes daqueles do modelo de desenvolvimento batizado de via clássica, por ter a indústria de transformação e a cidade como sedes e elementos do ritmo, no Brasil a indústria de beneficiamento sendo o motor, a cidade não antecedendo nem sucedendo, antes nascendo junto à fazenda, dentro da formação social, uma formação social mais próxima da via colonial-escravista exportadora (Mazzeo, 2015; Coutinho, 1990), a agroindústria formatando e estruturando o todo da formação social a cada momento de tempo (Moreira, 2020c e 2020d).

É a centralidade que se vê na passagem de centro do ciclo espacial de acumulação canavieiro-açucareiro para o ciclo espacial de acumulação cafeeiro e deste para o ciclo espacial de acumulação sojicultor, passagem na qual a trilogia indústria de transformação-agricultura-indústria de beneficiamento vai se amalgamando numa estrutura bidepartamental. Estrutura com a qual econômica e socialmente a formação social vai se compondo. Razão por que a urbano-industrialização a tudo aos poucos domina, mas a sociedade brasileira segue sendo uma sociedade de história de cidade e fazenda sem o urbano. Uma história de ciclos que, contrariando as leituras, não termina com o fim do ciclo do café. Antes, deste se transfere para o ciclo da cadeia da soja, já em plena fase de alta edificação da grande indústria (a indústria de transformação).

A lógica dessa conformação é o peso da onipresença da reprodução das formas não capitalistas na reprodução do capital. Peso reforçado e continuamente recriado na onipresença do Estado no mecanismo de ação dessas formas. Seja nos circuitos de reprodução. Seja nos ciclos espaciais de acumulação. Presença nos mecanismos de infraestruturação e de financiamento do ciclo da cana, do ciclo do café, do ciclo da soja, mormente na passagem de um ciclo ao outro, do ciclo da cana para o ciclo do café e deste para o ciclo das cadeias da soja. Sobretudo no período-chave de revolução industrial dos anos 1950-1970. Período em que lá está o Estado, presente no sistema de crédito e sistema fiscal que oblitera a possibilidade de centralidade da indústria de transformação e privilegia a da indústria de beneficiamento, então da agroindústria, via os PNDs – o PND I, de modernização da agropecuária dos anos 1970-1974, o PDN II, de redistribuição da indústria de transformação, de 1974-1980, e o PND III, de correção de rumos, de 1980-1985 –, que sedimenta a trajetória sul-sudestina da soja para a o centro de gravidade do macro Centro-Oeste que com ela aí se gesta (Moreira, 2020e).

A RELAÇÃO CIDADE-FAZENDA

A indústria de transformação é o motor da passagem da relação cidade-fazenda para a relação cidade-campo, via aprofundamento da relação cidade-indústria-fazenda. E origem da forma que assume em seu arranjo e conteúdo em cada fase de ciclo de espaço-tempo.

A indústria de transformação – bem como sua irmã siamesa, a indústria de beneficiamento – nasce na relação com a fazenda dentro da área de agroexportação, para ir para a relação com a cidade autonomizada e ao fim hoje voltar a essa relação com a agroexportação, já em outra fase da relação cidade-fazenda. Ao desenvolver-se dentro desse quadro, a indústria espraia sua influência para os dois lados, de um lado agindo na cidade e de outro na fazenda, através das trocas de matérias-primas e serviços que mantém com uma e outra. Transformando e juntando justamente nesse duplo de relação a relação cidade-fazenda em uma relação cidade-campo. Cidade e fazenda, e então cidade e campo, repetindo em suas interações o mundo bifronte da indústria. Duplo de formas de indústria que de hábito não consideramos. Casulo e nascedouro da agroindústria.

A indústria de transformação e a indústria de beneficiamento são a expressão desenvolvida do artesanato e da indústria doméstica que estão na base do Brasil Colônia. A indústria do descaroçamento – a indústria da boneca do algodão – e a indústria têxtil – a indústria do pano –, num exemplo, que daí aos poucos vão se separando, a indústria de transformação primeiro, a indústria de beneficiamento depois (Castro, 1971). O exemplo se aplicando a cada produto agrícola e pastoril da fazenda: a cana, o algodão, a uva, o leite, o fumo, o café, a soja. A fábrica sendo a forma final de ambos os tipos, com suas regras e normas disciplinares de trabalho que vemos como um apanágio da indústria de transformação e que também é da indústria de beneficiamento. E o estágio de desenvolvimento que indica o descarte e autonomia de ambas as formas de indústria das peculiaridades do tempo sazonal das atividades de agricultura.

Dispersas tal qual a produção da cana, do fumo, do algodão, do café, da soja, enfim das fazendas, com o tempo seja a indústria de transformação e seja a indústria de beneficiamento aos poucos se concentram segundo o destino na cidade. Trajetória de que a fábrica-vila é o canteiro de experiência. Berço de ambas as indústrias. Berço da classe trabalhadora fabril. Também aqui confundida com o estabelecimento da indústria de transformação. Berço, por fim, da classe proletária, do campo e da cidade. Trajeto da indústria do pano convertida na indústria do tecido. O que vai repetir-se com a indústria de beneficiamento. Berço então da classe trabalhadora da agroindústria.

Classe proletária de modos de vida distintos tornados no tempo num só. No destino comum da capitalização da cidade e da fazenda.

O uso das máquinas, o manuseio das ferramentas, a manipulação da matéria-prima, a hora de entrada, a hora do intervalo, a hora da saída, a hora do retorno à casa, a hora de retorno à fábrica no dia seguinte, são as rotinas do espaço-tempo aqui e ali distintos de uma e de outra. A indústria de transformação dando o ponto de partida. Que já vemos acontecendo na fábrica-vila. Momento de descolagem da indústria de transformação do nicho da indústria doméstica da fazenda. E que prepara a descolagem da indústria de beneficiamento. Esta quando a cidade foi já revolucionada pelo desenvolvimento da relação fábrica-bairro embrionada na fábrica-vila, cambaleando e se estabelecendo na cidade pequena implantada pela indústria de transformação junto à fazenda, para onde migra, e vai ajudar a tornar-se uma cidade média e um epicentro local. E acaba por virar o nicho futuro na fixação de ambas no campo, uma migrada da fazenda e outra da grande metrópole. Lado não determinante da trilogia indústria-fazenda-indústria, é a indústria de transformação, assim, a grande escola. A escola das regras disciplinares que saem da relação fábrica-vila para organizar a cidade da relação fábrica-bairro como um todo. E com essa ideologia a sociedade ripostada na centralidade da agroindústria.

A sociedade brasileira respira, assim, a ideologia da grande indústria de transformação. Embora ripostada na centralidade da agroindústria. Uma contradição que herda da contrariedade dos caminhos da sociedade urbana do ciclo do ouro e da sociedade da solução de continuidade da agroindústria dos ciclos da cana, do café e da soja. Ideologia tamponada nas raízes do nascedouro da grande indústria. A indústria de transformação nasce na forma da fábrica-vila. Com o surgimento da energia de escala, o implemento do transporte de massa, a expansão do aparelho terciário, a diversificação do mercado, o desenvolvimento das instituições de Estado, a fábrica é atraída para a cidade. As fábricas, de início concentradas num ponto, ainda no formato da fábrica-vila, passam a distribuir-se pelos bairros operários, de onde migram para a periferia, se disseminam pelos subúrbios que aí vão surgindo, deixando o centro da cidade para os serviços e o comércio. Nesse trajeto, primeiro deslocam-se para as cidades do interior, ainda próximas das áreas agrícolas, depois para as capitais, indo concentrar-se por fim nas grandes metrópoles. Incorporando-se nessa relação indústria-cidade às regras do convívio citadino, ao tempo que ordenando a cidade com as suas, numa disciplinarização industrial da marcha cotidiana da cidade.

Cidade e campo vão então se transformando. A cidade adquirindo o ritmo e a ideologia de consumo da indústria, do comércio e dos serviços. E o campo, o ritmo e a ideologia da fazenda cada vez mais restrita ao mundo da agricultura. Distinção que aos poucos vai se dissolvendo junto à entrada cada vez mais profunda dos hábitos e da ideologia de consumo do mundo da indústria na sociedade. Que a torna indiferente à localização de uma e de outra. Disseminando-se numa relação cidade-indústria-fazenda que relembra os antigos modos de arranjo, numa espécie de universalização da chamada urbano-industrialização, com a cultura das trocas no centro.

A dinâmica do desenho é o retorno à dispersão da indústria, mais que da cidade e da fazenda de antes, interferindo igualmente na distribuição destas. Como num retorno ao modelo de distribuição da indústria do algodão e da indústria de alimentos, presentes então dispersamente na maioria dos estados. Dispersividade que tornara a indústria têxtil e a indústria alimentícia os ramos comuns do desenvolvimento da indústria de transformação e da indústria de beneficiamento. Forte ponto de indistinção e coincidência. Com a industrialização do algodão comandando o desenvolvimento de um dentro-fora tanto de uma quanto de outra no casulo da agroindústria. É a forma de indústria mais ubíqua, com 1 estabelecimento têxtil no Maranhão, 1 em Pernambuco, 11 na Bahia, 5 no Rio de Janeiro, 6 em São Paulo e 5 em Minas Gerais, em 1875. Passando para 1 no Maranhão, 1 em Pernambuco, 1 em Alagoas, 12 na Bahia, 11 no Rio de Janeiro, 9 em São Paulo e 13 em Minas Gerais, dez anos depois, em 1885 (Castro, 1971). Os números crescendo a partir daí com a disponibilização de capitais que a abolição da escravatura traz consigo, marcando a rapidez de aceleração industrial dos começos da República. E ainda mais com os capitais liberados dos ágios dos planos de valorização do café. Simultaneamente, inicia-se a descolagem da indústria de máquinas de beneficiamento das diversas culturas, saindo do seio da agropecuária para ir instalar-se nas cidades. De início são oficinas de reparo de máquinas importadas. Depois fábricas de produção interna. Ao tempo que cresce a industrialização substitutiva de importações da indústria de transformação de bens de consumo não durável. Em um crescimento simultâneo das duas modalidades de indústria. As máquinas de lavagem, descaroçamento, secagem e ensacamento mecânicos do café, a bolandeira e descaroçador do algodão, a máquina de enrolamento do fumo, a máquina de esmagamento da soja, crescendo no campo junto ao crescimento da indústria têxtil, de alimentos, de calçados, de sapatos, de utensílios na cidade. A população trabalhadora no campo e na cidade, num início de mudança no perfil socioeconômico da formação social brasileira.

O período de 1920-1950 conhece forte impulso de arrancada. Ambas as formas de indústria crescem em seus nichos e em seus ramos em comum. A indústria como um todo continua a apresentar-se em todos os estados. Com a diferença de a indústria de beneficiamento manter-se dispersa e a indústria de transformação começar a concentrar-se no Rio de Janeiro, São Paulo, Rio Grande do Sul e Minas Gerais. Iniciando-se a diferenciação espacial que irá originar o ritmo e desenvolvimento desigual das duas formas de indústria dos anos 1950-1980.

É a fase histórica da substituição de importações, privilegiando a demanda de mercado de bens de consumo da classe de média e de alta renda. Demanda de produtos da indústria de transformação, pré-orientando o modelo da industrialização brasileira, separando campo e cidade como universos diferentes. Do impulso da demanda de indústria de bens de consumo de máquinas e implementos que dá início à industrialização substitutiva de importações de bens intermediários e de bens de capital. Refletindo na tripartição da agricultura em um ramo de produtos de exportação, um ramo de matérias-primas agrícolas e um ramo produção de alimentos. Que a indústria de beneficiamento acompanha, orientando-se para o processamento de matérias-primas agrícolas e pastoris demandadas pelo desenvolvimento da indústria de transformação. Dando origem a um entendimento que abraça a indústria de transformação e exclui a indústria de beneficiamento do conceito de indústria. É assim que corre em paralelo a arrancada da indústria de bens de consumo não duráveis, da indústria de bens intermediários e da indústria de bens de capital, a caminho da indústria de bens de consumo duráveis, de um lado, e da indústria de derivados do trigo, da soja, do milho, dos cítricos, commodities, de outro. Dois universos que se tocam por seus produtos, a indústria de beneficiamento abastecendo a indústria de transformação de divisas de exportação, matérias-primas e alimentos; a indústria de transformação abastecendo a indústria de beneficiamento de bens industriais e equipamentos. Numa equivalência de relação cidade-campo

Chega-se nestes termos ao período dos anos 1950-1970. Época de aceleração da indústria de transformação. Da revolução industrial. Da fase substitutiva dos bens intermediários e de bens de capital, base de passagem da fase dos bens de consumo não duráveis. Da bidepartamentalização. Da concentração da indústria de transformação no Sudeste. Da divisão territorial de trabalho que industrializa o Sudeste e agrariza o restante das regiões. Da predominância da população da cidade sobre a população do campo. Da ultrapassagem das exportações dos bens industriais sobre as exportações de bens agrícolas. Da centralidade da urbana-industrialização. Do "encolhimento" da indústria de beneficiamento. Da passagem da fase das regiões organizadas nacionalmente para a fase da nação organizada regionalmente (Oliveira, 1977b).

A indústria de transformação e a indústria de beneficiamento se defasam fortemente. E a região Sudeste em relação ao conjunto das outras regiões. Quadro que o Estado vai resolver por meio de intervenções de planejamento que se sucedem, do Plano Salte e do Plano de Metas aos PNDs I, II e III. À base de mecanismos de crédito e de subsídios. E medidas de reestruturação privada e pública do mercado de capitais. Visando reterritorializar e integralizar nacionalmente a economia a partir da aproximação da indústria de transformação e da indústria de beneficiamento numa nova fase da agroindústria (Ianni, 1977; Guimarães, 1979; Delgado; 1985). Um quadro de demanda de infraestrutura que se resolve entre 1940 e 1980 com a intervenção estatal dos insumos à estrutura de base, olhando os pontos de gargalo do desenvolvimento da relação agricultura-indústria. Multiplicam-se nesse arco-chave de tempo, assim, os investimentos de conjunto em usinas de energia hidrelétrica e em redes de transporte e comunicação que vão dar no acabamento do desenvolvimento do setor de bens intermediários e do setor de bens de capital. Abrindo, enfim, para o momento final do desenvolvimento substitutivo com a implantação do setor de indústrias de bens de consumo não duráveis, cuja resultante é a completa mudança de estrutura e repartição territorial do parque industrial. Favorecendo São Paulo pela existência prévia de um quadro de indústrias de beneficiamento herdado da expansão cafeeira. E de uma base relativamente implantada de indústrias de bens intermediários, criada no estado pelo desenvolvimento espontâneo da indústria de máquinas de beneficiamento. Tudo isso leva São Paulo a ser a área de eleição da localização seja da indústria de bens de capital e seja da indústria de bens de consumo não duráveis, numa rápida progressão da concentração no estado do grosso do parque industrial do país. Transformando a concentração quantitativa do passado também numa concentração qualitativa. Concentração que São Paulo estende a todo o Sudeste, compartilhando-a com o Rio de Janeiro e Minas Gerais. Nos anos 1980, aí está 70% do parque industrial nacional. Já entre 1950 e 1960 aí se reúnem as indústrias de material elétrico, borracha, mecânica, metal-mecânica, material de transporte e comunicações, papel, metalurgia (metais não ferrosos e siderurgia), química e petroquímica, puxando para si a concentração da indústria de autopeças e montagem de automóveis, além da indústria têxtil, indústria de alimentos, indústria de oleaginosas, reforçadas pela concentração das cidades e da população para aí atraída pela maior possibilidade de emprego e de acesso aos bens de consumo. Concentração de indústria e mercado de trabalho e de consumo que transforma São Paulo e Rio de Janeiro de imediato em metrópoles nacionais, cidades bilionárias que logo vão sendo seguidas pelas grandes capitais em todas as regiões. É o período do que Oliveira designa por industrialização do Sudeste e reagrarização das regiões demais, no fundo expressão da aparente hibernação do setor de indústrias de beneficiamento face à arrancada do desenvolvimento da indústria de transformação, ilhadas nos cantos afastados da periferia. Impressão de que o movimento de nacionalização da agroindústria da soja se incumbirá de desfazer no correr dos anos 1970-1980. Fruto, diz Oliveira, de um movimento de passagem de arranjo de uma economia de regiões organizadas nacionalmente para uma economia nacional regionalmente organizada (Oliveira, 1976b e 1981). Da nova divisão territorial do trabalho e das trocas que aí estão ocorrendo, em parte espontânea, em parte forjada pelo Estado, através dos planos de desenvolvimento desse arco temporal de 1940-1970. E cuja culminância são os planos de modernização da agropecuária e de redistribuição da indústria de transformação dos PNDs. E, assim, a convergência da indústria de transformação e da indústria de beneficiamento que eles intencionalmente estabelecem. A modernização da agropecuária antecedendo e preparando o terreno para a redistribuição industrial de transformação pelas pequenas e médias cidades do interior Brasil profundo adentro.

Por fim, o período de 1970-2000 é o período do surgimento do ramo da indústria para a agricultura, bancado pelas políticas de crédito de financiamento público do Estado e financiamento privado, por este orientado, e de regime fiscal favorecendo a indústria de beneficiamento e com ele o setor da agroindústria num mecanismo de transferência de margem de excedente da indústria de transformação para o fomento nacional da indústria de beneficiamento (Delgado, 1985; Oliveira, 1988), semelhante à política de ágios dos planos de valorização do café dos começos do século XX.

A chave do processo é o deslocamento da indústria de beneficiamento do interior do Sul-Sudeste – onde foi gerada pelo combinado café-cana-oleaginosas, no interior paulista, e soja-milho-aves-suínos-bovinos, no interior das colônias sulinas, no longo dos anos 1940-1990 – para a vastidão do mega Centro-Oeste. Para aí transportado pela soja em suas expansões sucessivas para as cidades pequenas e médias do planalto central. Atraídas e impulsionadas pela forte expansão da infraestrutura implantada pelo Estado, a modernização agropecuária e a redistribuição da indústria de transformação se encontram e se fundem nos arranjos geminados das fazendas e das cidades que aí se multiplicam profusamente. Encaixadas numa grande estrutura de agroindústria pelo estímulo das políticas de crédito e subsídios do Estado.

O Estado é o grande indutor desse complexo. É quem organiza e difunde a infraestrutura que leva a rede de energia, de transporte e de informática para o elenco das cidades e fazendas, garante o acesso ao crédito bancário público e privado voltado à modernização técnica das fazendas e expansão do consumo das cidades, institui o mecanismo de preço dos produtos agrícolas, confere prioridade às exportações agropecuárias, estimula a entrada e investimento do capital estrangeiro e suas patentes no ramo da indústria de beneficiamento, agora estimulado pelo desenvolvimento da indústria para a agricultura em formação.

É a origem da cidade média da agroindústria que se dissemina por todo o Centro-Sul. Num contraste com a paralisia inicial do Nordeste-Norte. Numa espécie de reedição em face nova da divisão paulistânia e pernambucânia do passado. Que também logo se interpenetram pelo avanço geral e universal da moderna agroindústria. Cidade média sede da integração da indústria de transformação e da indústria de beneficiamento. Do encontro da estrutura bidepartamental com a porteira. Das instituições subjacentes do Estado. Dos bancos privados e públicos. Das cidades-estações ferroviárias do café redivivas. Das Câmaras do Senado do Brasil Colônia. Da nova relação cidade-fazenda. Das lojas de departamentos e equipamentos agrícolas. E da classe média.

A QUESTÃO CIDADE-CAMPO. O PROTOESPAÇO

Integração embrionada na indústria doméstica da *plantation* e transformada no eixo da estrutura global da sociedade brasileira, a relação indústria de transformação e indústria de beneficiamento é a fonte de origem da cidade do passado e do presente. Cidade de fazendeiros, comerciantes e homens livres e escravos dos conflitos de ontem e cidade de agroindustriais, burgueses e homens livres dos conflitos de hoje. Cidade que tem no centro as regras disciplinares de reprodução do tempo.

O engenho e o canavial são os pares da relação estrutural da antiga *plantation*. Relação marcada pelas mesmas regras do trabalho disciplinar que com a fábrica vai se naturalizar como a forma societária e de sociabilidade da sociedade brasileira. Regras disciplinares que o engenho, já em tudo uma fábrica (Decca, 1982), e o canavial, um todo em si fortemente ordenado, repassam para o todo da sociedade sobre eles construída (Gorender, 1978). Relação que a indústria de transformação toma para si e aperfeiçoa na toada do urbano, através do par ainda rural da fábrica-vila que cria e repassa para o par fábrica-bairro instalado no coração da cidade. Como a cidade plantacionista do Recife urbano de 1848 (Quintas, 1967). E São Paulo, Rio de Janeiro e Belo Horizonte vão repetir no Brasil urbano-industrial de

1964. O urbano de 1848 repetido na forma do urbano-industrial de 1964 (Moreira, 2013[1985]).

Sendo uma unidade de produção de uma formação social colonial-exportadora, a fábrica-engenho tem que ser acompanhada da não fábrica (as indústrias domésticas e oficinas artesanais) na sua reposição e reprodução dentro da *plantation*. Assim como a monocultura disciplinarizada (o latifúndio monocultor) da não disciplinarizada policultura de subsistência (o minifúndio policultor) dentro da sociedade industrial. O par latifúndio-minifúndio do campo reproduzido no par fábrica-bairro (a fábrica-vila urbanizada) da cidade.

É a binomialidade estrutural-estruturante da sociedade brasileira de ontem e hoje ordenada e organizada como espaço. Desde a relação latifúndio-minifúndio que sustenta a diversidade dos espaços agroindustriais da Colônia (Furtado, 1971) até a relação fábrica-ambulante que sustenta a diversidade dos espaços da sociedade independente (Oliveira, 2023). A homologia do arranjo sequencial das máquinas de moagem no engenho e do arranjo sequencial do canavial, e do arranjo das máquinas no pátio de secamento e do arranjo das fileiras e "ruas" do cafezal, do campo, repetida no arranjo do trabalho formalizado da fábrica e no arranjo do trabalho informalizado do ambulante, e no arranjo do chão geometrizado do centro da cidade e no arranjo do chão enviesado das sinuosidades da favela, da cidade. A homologia do orgânico e do inorgânico do ontem e do hoje da observação de Caio Prado olhando a sociedade colonial do final do século XVIII (Prado Jr., 1961; Dias, 1989)

É o arranjo padrão de ordenamento – o mutante no quadro do permanente – de espaço do ciclo da cana e do engenho de ontem e do capitalismo avançado do presente. O arranjo do ordenamento com que os ciclos de espaço-tempo se formam e organizam em seu modo de acamamento. Repassando como forma de estrutura-padrão de sociedade uns para os outros e todos para a sociedade urbano-industrial de hoje. Arranjo de estrutura de uma sociedade que se cria e se recria com ele e através dele, ainda quando em sua face urbano-industrial moderna. Ou o que seja isso. A binomialidade (não a dualidade) das formas é o termo geral de estrutura. O seu protoespaço.

Estrutura de arranjo de uma formação social arrumada no padrão de uma relação cidade-fazenda (o engenho e a lavoura de cana são um recorte de relação cidade-fazenda dentro da *plantation*) que se reporta como os lados (não partes) de um mesmo todo numa relação de bonecas russas. A sociedade da formação social é reproduzida na homologia do arranjo correlacional do latifúndio e do minifúndio. Um se reproduzindo na e pela reprodução do outro. E a cidade e fazenda se reproduzindo na relação recíproca da reprodução do latifúndio e minifúndio. Então, o todo da sociedade. Processo no curso do qual a monocultura e a policultura reciprocamente se reinventam para, desse modo, reinventar o latifúndio e o minifúndio como a chave reprodutiva de todo o sistema.

A mobilidade espacial contínua e constante, via a transferência de homens e capitais de um ciclo para o outro, é um veículo dessa dinâmica de reiteração reprodutiva, que reinventa e diversifica, pela reprodutividade, as formas e as áreas da ocupação territorial da Colônia. Do ciclo da cana e do engenho saem os subciclos da policultura e do gado, este também um subciclo de subsistência. Embora não beneficiária da concessão de sesmarias, a policultura de subsistência se instala junto à monocultura da cana, decorrente da necessidade de reprodução da monocultura. Daí, do todo da *plantation*, se distingue pela forma autônoma e dominial, sendo uma fora e independente e outra dentro e dependente da grande propriedade. Uma forma a fronteira interna e outra a fronteira externa da expansão avassaladora da monocultura sobre áreas novas. Uma e outra se expandem e se retraem conforme o humor do mercado do açúcar. Quando o mercado aumenta a demanda, o grande proprietário mobiliza terra e força de trabalho para o plantio e moagem da cana, retraindo a policultura dominial e, em consequência, expandindo a policultura autônoma. O contrário ocorrendo quando diminui a demanda, reexpandindo a policultura dominial e retraindo a policultura autônoma. Correlação monocultura-policultura/latifúndio-minifúndio tem efeito direto sobre a provisão alimentícia e a reprodução das relações econômico-sociais da *plantation* e da cidade. E mantém a *plantation* e a cidade em um estado de alternância de provisão e de crise de abastecimento alimentício permanente.

A relação monocultura-policultura/latifúndio-minifúndio é acompanhada de um terceiro componente, que são os grupos de organização comunitária, de comunidades indígenas remanescentes (situadas em geral longe do alcance da influência das fazendas e das cidades), de comunidades de aldeamento (em geral próximas às cidades e a caminho de serem incorporadas por estas como bairros), de comunidades de quilombolas (formadas por escravos evadidos das *plantations*), e de comunidades camponesas (organizadas ao redor da policultura e de um tipo básico de extrativismo, estando localizadas em geral nas áreas abandonadas pelo avanço da monocultura ou em áreas de fronteira agrícola futura, longe também do burburinho das fazendas e das cidades, mas em risco de serem atingidas pelo alcance do limite do bioma mais para frente). O que torna a Colônia uma formação social estruturada em cinco modos de produção e de vida: a *plantation* latifundiária-escravista monocultural-exportadora; a familiar-posseira policultora independente; a familiar-patriarcal escravocrata policultora de mercado e a comunitária sob diferentes formas; além dos modos de vida urbanos do grande comércio, do pequeno comércio e artesanatos, da diversidade de ocupações da população livre e escrava senhorial-familiar. As fazendas de gado, por sua vez, beneficiárias do sistema de sesmarias, mas não de papel central, têm localização extensiva, desde núcleos próximos e pertencentes à *plantation* para os serviços do plantio e moagem do engenho até as grandes fazendas pastoris organizadas com base no trabalho semiescravo e espalhadas em dispersão pelo semiárido sertanejo. Introduzido na *plantation* para o serviço de transporte da cana, moagem no engenho e fornecimento de carne e couro para produção de utensílios, o gado dela se descola em deslocamento para um modo de produção e vida próprio no interior, por onde se expande em grandes propriedades sesmariais, e de onde vai mantendo regular relação de abastecimento de carne, a que logo se acrescenta a carne seca, de longa preservação e maior facilidade de transporte, e couro com as cidades do sertão, do agreste e da mata. História que se repete em outros moldes no centro e no sul da Colônia. Embora disponha da fonte alimentícia e de produção de utensílios, a fazenda de gado também depende em sua reprodução da policultura, praticada nas várzeas dos rios e, no agreste-sertão, nas áreas de umidade permanente da serrania espalhada pelo oceano seco da caatinga sertaneja e agrestina.

Do ciclo do gado e do ciclo da preação indígena, conjugados, sai o ciclo do ouro do planalto mineiro, coadjuvados pela presença da força de trabalho e de capitais migrados do ciclo da cana, e sai também o ciclo das drogas do sertão do vale amazônico, aumentando com esses dois novos ciclos a diversidade dos modos de produção e de vida, o escravista de pequenas e médias parcelas sesmariais de terra de mineração do ciclo do ouro e o comunitário de aldeamento jesuítico-indígena do ciclo das drogas, em novas formas de ocupação territorial (Sodré, 1990). Restrito até então ao semiárido nordestino, o ciclo do gado ganha forma territorial ampla com o ciclo do ouro, avançando e espalhando-se também pelo pampa sulino e pelo cerrado do planalto central, tornando-se um ciclo completo e característico dos biomas dos grandes espaços de vegetação aberta, encravados na hinterlândia entre a floresta tropical atlântica e a floresta equatorial amazônica. Neles engendrando com os ciclos agrícolas uma correlação gado-campos e lavoura-mata que a colonização portuguesa vai tirar da coevolução sociedade-natureza indígenas e instituir como geografia colonial de separação monocultural absoluta entre lavoura e criação, de forte efeito ambiental (Waibel, 1958). Atraídos pelo mercado urbano da mineração, o gado sulino sobe pela calha da depressão periférica desde o pampa gaúcho até a feira de gado em Sorocaba, às portas de São Paulo, ao tempo que o gado nordestino se bifurca no contato com a inflexão baiano-pernambucana do rio São Francisco em um ramo que busca o mercado agrestino e canavieiro do litoral e outro que sobe a calha do rio em busca do mercado da mineração, onde o gado nordestino e o gado sulino se encontram, avançando pelo planalto central, nisso povoando e unificando de norte a sul todo o território colonial com novas fazendas e cidades. E levando a difundir-se com ele a policultura de subsistência por todos os cantos.

Assim como a preação paulista dá lugar ao ciclo do ouro no planalto de Minas Gerais, a preação amazônica dá lugar ao ciclo das drogas do sertão no próprio vale, apoiado nos aldeamentos jesuíticos espalhados pelas margens dos rios infiltrados na mata. Uma atividade voltada para o abastecimento de especiarias tropicais imitativo das Índias do mercado europeu. São duas áreas de embate de bandeirantes e jesuítas, com resultados diferentes. Ambas atravessadas pelo movimento de sobe e desce os rios das atividades de apresamento, a preação amazônica subindo e a preação paulista descendo o Araguaia-Tocantins e os afluentes da margem direita do Amazonas, tal qual na calha do São Francisco descem os paulistas e sobem as manadas de gado, numa incorporação dos rios grandes à formação do corpo territorial da Colônia. Momentos em que a paulistânia e a pernambucânia se cruzam em busca do mercado de escravo indígena das áreas de ocupação holandesa. E em ambas as áreas num conflito com os jesuítas e sua política de descimento. Mas resultados opostos. Na paulistânia, na forma da contrarrestação recíproca. Na pernambucânia amazônica, na do prevalecimento jesuíta. Se na paulistânia o resultado final é a destruição das aldeias indígenas, carreadas sertões adentro para o trabalho nos sítios de policultura familiar-escravista de autossubsistência e de mercado do planalto e nas *plantations* do litoral vicentino e da zona da mata nordestina, na pernambucânia amazônica as aldeias são realocadas ao longo das margens dos rios para o trabalho coordenado de exploração extrativista da mata dominante na bacia, ao lado da policultura e das fazendas de gado de subsistência concentradas na embocadura do grande rio.

Do ciclo do ouro vão sair as correntes de migração que irão fundar nas circundâncias o ciclo do café. O ciclo que vai conhecer a virada da independência, o esgotamento e fim da Monarquia, a abolição da escravatura, a passagem à República. O nascimento do Estado pactual-oligárquico. Ciclo contemporâneo, no atual Sudeste, ao ciclo da borracha, depois da castanha, na Amazônia; do consorciamento oligárquico algodoeiro-pecuárioaçucareiro, no Nordeste; do cacau, no sul da Bahia; da cana-de-açúcar, no planalto paulista e norte do Rio de Janeiro; das colônias de imigrantes europeus, no planalto meridional; do gado de corte para exportação, no pampa sulino; da soja, no seu começo e avanço rumo ao centro-oeste e centro-norte. Ciclos com os quais vai montar um primeiro quadro global de economia nacional, com os planos de valorização cafeeira, antes da fase de integração suprarregional da grande indústria. Contemporâneos entre si, assim como o colono do café, o morador da cana, o trabalhador safrista da usina, o parceiro e o foreiro do consórcio algodão-gado, o seringueiro da extração da borracha. Formas não capitalistas da reprodução capitalista a caminho do trabalho assalariado urbano-industrial.

Marcado por intenso e contínuo movimento de rearrumação e redistribuição, o arranjo demográfico de cada tempo tem nesses ciclos seus grandes agentes de reordenação, cada um levando a população a repartir-se em novo jeito, redefinindo os centros de gravidade da economia, da política, da concentração e dispersão das atividades, da aglutinação de interesses, numa mobilidade constante do trabalho e do capital (Souza, 1980; Castro, 1969). Movimentos de realinhamento de excedentes, como a migração da força de trabalho da velha paulistânia e da zona da mata açucareira de pernambucânia em crise para o ciclo do ouro do planalto mineiro. E de retorno do planalto mineiro pós-aurífero de volta para a paulistânia dos bairros rurais. Da circundância do planalto mineiro pós-minerador para o ciclo vale-paraibano do café. Da região sertaneja nordestina da seca de 1887-1880 para o ciclo da borracha. Da área acreana da borracha para o sudeste paraense da castanha internamente à Amazônia. Do Sergipe agrário e pastoril para o sul cacaueiro baiano (retratado por Jorge Amado). Dos imigrantes italianos para o regime do colonato do planalto paulista. Dos descendentes de colonos do planalto meridional para o planalto central sojicultor via o rio Paraná. Do campo para as cidades industriais. Dos boias-frias das cidades para o campo. Dos sertanejos nordestinos para as fazendas e cidades da cadeia soja-óleo-carnes da fronteira amazônica. Do retorno de sudestinos para as cidades e regiões de origem bafejadas pela redistribuição industrial.

Movimentos de fluxo e refluxo cuja essência é a tensão monocultura/latifúndio e policultura/minifúndio que governa a reprodução sistêmica da formação social brasileira em cada tempo. Faces de um rosto bifronte que reproduz cidade e fazenda ao mesmo tempo. Uma se reproduzindo pela reprodução da outra, num padrão inalterado desde o ciclo da cana. E vemos repetir-se no ciclo do café, no ciclo do gado, no ciclo das drogas, no ciclo da borracha, no ciclo da soja, mesmo no ciclo do ouro, e em seu equivalente urbano-industrial atual. Base da relação cidade-fazenda. E, assim, cidade-campo. A relação cidade-fazenda olhada pelo prisma das trocas e das alianças de classes. Qual seja, a relação cidade-fazenda quando olhada pelo prisma das trocas (a cidade e a fazenda que intercambiam seus produtos e se hierarquizam nessa troca) e/ou pelo prisma das alianças políticas (a aliança dos de cima: a relação cidade-campo de plantacionistas e industriais; e a aliança dos de baixo: a relação cidade-campo de camponeses e operários). A relação cidade-fazenda vista numa troca de categorias: as espaciais da fazenda e da cidade; as sócio-políticas das classes da fazenda e das classes da cidade. A cidade e a fazenda tornadas uma questão cidade-campo no olhar prospectivo do Estado pactual (Moreira, 2013 [1985]).

A CIDADE INACABADA

O efeito desse modo geral de reprodução é a cidade sem o urbano. Que vem da cidade com Câmara e cidade sem Câmara. A cidade que nasce, cresce, ganha maturidade de cidade, mas sem que conheça o urbano. Cidade sem as acessibilidades. Assim como o campo sem as suas. As acessibilidades territorial-urbanas da cidade. As territorial-rurais do campo. A cidade do não urbano. Assim como o engenho-fábrica da não fábrica. Entes de homologia. A cidade que, para tê-las, tem que inventar. Como no campo, o campesinato. À sua maneira. Há, assim, mobilidade e êxodo rural para a cidade, mas não urbanização. Diz-se que a cidade incha. Tornando distintos cidade e urbano (Lefebvre, 1999). Cidade das homologias do orgânico e do inorgânico de que fala Caio Prado Jr: "A evolução brasileira de simples Colônia tropical para nação, tão difícil e dolorosa cujo processo mesmo em nossos dias ainda não se completou" (Prado Jr., 1961). Válidas para o final do século XVIII e começo do século XIX, válidas para o começo do século XXI. Cidade que luta pelo direito ao urbano. Já que já se vive nela.

A redistribuição cidade-campo da população é a marca do tempo da industrialização, invertendo fortemente a distribuição a favor da cidade a partir dos anos 1940, período da arrancada da industrialização por substituição de importações. A diferença da distribuição da população das cidades e do campo face à população total cresce rapidamente – 26% e 74% em 1940, 36% e 64% em 1950, 46% e 54% em 1960, 57% e 43% em 1970, 69% e 31% em 1980, 77% e 23% em 1990 –, invertendo simetricamente entre 1940 e 1990, com data de virada no censo de 1970. A população urbana sobe de pouco mais de 10 milhões em 1940 para cerca de 115 milhões em 1990, aumentando mais de 10 vezes, mas a população rural passa de perto de 30 milhões para cerca de 35 milhões, mantendo-se praticamente estável em números absolutos. Isso indicando a propriedade do papel-chave da população rural na reprodução de uma população urbana cada vez mais predominante sobre ela. A policultura garante a manutenção da reprodução das atividades do campo e sustenta a reprodução de uma população urbana cada vez mais numerosa também. A formação social brasileira muda drasticamente sua estrutura nesse período, sem alterar no fundamental a essência do seu processo reprodutivo.

Se antes a policultura era a garantia da reprodução da monocultura, hoje mantém essa função, dilatando-a e a estendendo para cobrir a reprodução da própria sociedade urbano-industrial como um todo. O que explica o paradoxo da disparidade da distribuição desigual da renda nacional, mantida elevada e sem alteração, sem que a reprodução urbano-industrial entre em colapso. Paradoxo da reprodução da sociedade de baixo salário.

Considerada a natureza familiar do trabalho da policultura, tem-se a noção da razão dessa aparente ilogicidade: o sacrifício imposto pelo sistema dominantemente urbano sobre o campo. Mesmo levando em conta a entrada da agroindústria da cadeia soja-óleo-carnes no suprimento alimentício da cidade e o surgimento da rede de supermercados no sistema de distribuição a partir dos anos 1970. A cadeia de agronegócio passa a responder pelo abastecimento do suprimento alimentício como carnes, todo o restante da cesta tradicional, de legumes e verduras a cereais tropicais sendo suprido pela policultura, o que significa 70% dos gêneros alimentícios que chegam à cidade. E estes o grosso das despesas de reprodução da força de trabalho urbana cuja reprodução determina a reprodução da sociedade urbano-industrial como um todo. Assim como o trabalho escravo reproduzia a sociedade escrava na sua integralidade.

A participação da policultura, a pequena agricultura familiar, cuja existência histórica fora negada já nos inícios pela lei de sesmarias, e que surge por necessidade da reprodução da monocultura na Colônia quase clandestinamente, é o segredo também da reprodução urbana. O segredo do baixo salário urbano. Do baixo custo do trabalho. E que ainda assim se reproduz. Um trabalho urbano garantido no baixo custo do trabalho do campo. Segredo mágico que se explica na reprodução a baixo custo da reprodução urbana por conta do baixo custo do trabalho do campo.

Um trabalho familiar significando trabalho não remunerado. O custo do salário da população urbana incluindo no cálculo o custo do trabalho não remunerado familiar da população do campo. A produção a baixo custo da policultura alimentícia que se reproduz no baixo custo da produção urbana. Materializado no preço da cesta básica da reprodução do trabalho. O campo e a cidade, pois, das relações de troca e concertamentos políticos. A questão cidade-campo de uma sociedade de contraste de alta taxa de lucro e baixa taxa de salário do sistema produtivo. Que explicita o paradoxo da reprodutividade sistêmica mesmo na disparidade da distribuição da renda. E que Oliveira designa acumulação de base pobre.

Pode-se avaliar o papel essencial da policultura na reprodução social da cidade considerando-se um cálculo temporal médio de entre 50% a 70% do gasto do salário com compra de alimentos por família, forçando a entrada do máximo de seus membros no mercado de trabalho, de modo a ter-se um salário familiar mais folgado que o individual. E do papel do Estado, com o chamado salário indireto, o sistema gratuito de ensino, saúde e segurança urbana, cobrindo com recurso público o grosso das acessibilidades urbanas inacessíveis a uma população de baixo salário. Relações que se completam com as práticas urbanas recorrentes de sobrevivência, do trabalho do escravo ao ganho no tempo da Colônia ao trabalho informal no tempo de hoje. Do puxadinho ao mutirão da casa própria no campo da habitação. Fazendo da autocriatividade – a forma do não capitalismo urbano – a chave da sobrevivência na cidade (Oliveira, 1988).

Práticas não capitalistas de reprodução que a vigilância do Estado regulamenta, orientando para a reprodução capitalista. Da legislação do trabalho às regras da construção urbana. A policultura é consagrada como base da reprodução do trabalho na própria legislação formal do cálculo do salário, definido então como um salário-mínimo, o preço da cesta básica provinda do trabalho familiar rural no campo e convertido no preço do trabalho familiar urbano na cidade. Definição a partir da qual se determinam os níveis de estrato de remuneração do assalariamento desde o trabalhador do salário-mínimo da fábrica ao trabalhador do salário calculado em função dele no escritório. Irmanando na mesma sorte o operariado sub e desempregado e a classe média. O operariado e a classe média no quebra-galho do trabalho informal, do biscateiro, do camelô, do flanelinha, que dão ao trabalhador o reforço de casa ou mesmo a própria remuneração do dia a dia e à classe média os consertos da casa, os utensílios baratos, a limpeza do carro, que lhe sairiam a um preço elevado caso tivessem de ser feitos pelas empresas regulamentadas do sistema. Irmãos siameses da consolidação do trabalho do campo como base de referência do trabalho da cidade consagrada como tal na legislação trabalhista. Segredos de uma sociedade de acumulação de base pobre. E sua questão campo-cidade.

Mas também na legislação da construção urbana. O baixo salário que se expropria é amplificado no trabalho de mutirão da vizinhança com que os trabalhadores erguem sua casa, também aqui esticado artificialmente pelo custo mais baixo do erguimento, dividido entre os trabalhadores do bairro ao preço da feijoada e da pinga. Prática não capitalista de reprodução de vida coletiva que a cidade traz do campo, muitas delas dos bairros rurais da moderna paulistânia.

Práticas de uma relação cidade-fazenda urbanamente atualizada na forma não capitalista urbana do mecanismo de compensação das perdas de expropriação internacional. Expropriação antes presente no financiamento da casa comissária e do capital estrangeiro na agroindústria da cana e do café. Hoje no híbrido das empresas de montante e jusante da porteira da cadeia agroindustrial da soja-óleo-carnes. Presença de regulação permanente. E origem ontem das relações de perdas-compensações repartidas entre as atividades da divisão territorial do trabalho dos circuitos de reprodução dos ciclos espaciais de acumulação das *plantations* até chegar à policultura – a forma implícita da reprodução não capitalista do capital de então – como base de reprodução do trabalho escravo (o não capitalismo explícito em si mesmo). E hoje das relações de perdas-compensações repartidas entra as atividades da divisão territorial do trabalho do circuito de reprodução do ciclo espacial de acumulação da economia urbano-industrial até chegar às formas não capitalistas urbanas de reprodução do capital de agora também enraizadas nas relações do campo e da cidade.

Padrão de organização de uma formação social nascida da comunhão ideológica e homóloga da fábrica-vila e da *plantation* hoje centrada nas regras e normas de um modo de regulação que junta num mesmo modo de produção e vida o boia-fria no campo e o trabalhador urbano na cidade. O campo e a cidade do orgânico e do inorgânico pradiano, que a TV reitera na naturalidade extensiva da existência. A cidade tornada o campo do campo tornado a cidade por obra da mesma TV. A máquina fonte de um urbano que não existe mesmo no cotidiano da novela. O urbano de uma cidade definida como um ente político – é sede de município –, não um ente social (ente de uma geografia política, não de uma geografia urbana), talvez porque inacabada como construção política. Cidade na qual por isso mesmo o mundo distante da ilusão e da fantasia da TV substitui o mais próximo e real do circo. E a trupe Rolidei espreita, dispensa e rejeita, seguindo em frente. Em busca de um outro destino.

BIBLIOGRAFIA

AB'SÁBER, Aziz Nacib. *Os domínios de natureza no Brasil*: potencialidades paisagísticas. São Paulo: Ateliê, 2003.
ALBUQUERQUE JR., Durval Muniz de. *A invenção do Nordeste e outras artes*. São Paulo/Recife: Cortez/ Fundação Joaquim Nabuco, 1999.
ALBUQUERQUE, Rui H. P. L de. *Capital comercial, indústria têxtil e produção agrícola*: as relações de produção na totonicultura paulista. 1920-1950. São Paulo: Hucitec, 1982.
ANDRADE, Manuel Correia. *A terra e o homem no nordeste*. São Paulo: Brasiliense, 1973.
ANTONIL, André João (João Antonio Andreoni). *Cultura e opulência no Brasil*. São Paulo: Companhia Editora Nacional, 1966.
ARRUZO, Roberta Carvalho. Relações entre técnica, trabalho formal e espaço na agricultura moderna em Mato Grosso. In: SILVA, Catia Antonia et al. *Formas em crise*: utopias necessárias. Rio de Janeiro: Arquimedes, 2005.
_____. O moderno e o arcaico no trabalho na agricultura moderna nos cerrados do norte e nordeste do Brasil. In: BERNARDES, Julia Adão; FILHO, José Bertoldo Brandão. *Geografias da soja II*: a territorialidade do capital. Rio de Janeiro: Arquimedes, 2009.
AZEVEDO, Aroldo. Embriões de cidades brasileiras. *Boletim Paulista de Geografia*. São Paulo, n. 25, 1957.
_____. As cidades. In: AZEVEDO, Aroldo. *Brasil a terra e o homem:* v. II – A vida humana. São Paulo: Companhia Editora Nacional/Edusp, 1970.
_____. Vilas e cidades do Brasil colonial (Ensaio de geografia urbana retrospectiva). *Revista Terra Livre*, São Paulo, n. 10, AGB, 1992.
AZEVEDO, Fernando de. *A cultura brasileira*. São Paulo: Melhoramentos, 1958, 3v.
BAER, Werner. *A industrialização e o desenvolvimento econômico do Brasil*. Rio de Janeiro: FGV, 1983.
BARROS, Roberto Leite. *A cidade e o planalto*: processo de dominância da cidade de São Paulo. São Paulo: Livraria Martins, 1967, v. 1 e 2.
BECKER, Bertha K. *Geopolítica da Amazônia*: a nova fronteira de recursos. Rio de Janeiro: Zahar, 1982.
_____. *As Amazônias*: ensaios sobre geografia e sociedade na região amazônica. Rio de Janeiro: Garamond Universitária, 2015, 3v.
BERNARDES, Julia Adão. Fronteiras da agricultura moderna no cerrado norte/nordeste: descontinuidades e permanências. In: BERNARDES, Julia Adão; FILHO, José Bertoldo Brandão. *Geografia da soja II*. A territorialidade do capital. Rio de Janeiro: Arquimedes, 2009.
_____. No novo tempo do capital no cerrado: a criação de novos territórios produtivos. In: FILHO, José Bertoldo Brandão; ARACRI, Luís Angelo dos Santos. *Espaço e circuitos produtivos*: a cadeia carne/grãos no cerrado mato-grossense. Rio de Janeiro: Arquimedes, 2010.
BRAGA, José Carlos Souza. *Temporalidade da riqueza*: teoria da dinâmica e financeirização do capitalismo. Campinas: EDUNB, 2000.

BRUNHES, Jean. *Geografia humana*. Rio de Janeiro: Fundo de Cultura, 1962.
CANABRAVA, Alice. A grande propriedade rural. In: HOLANDA, Sérgio Buarque de. *História geral da civilização brasileira*: a época colonial. São Paulo: Difusão Europeia do Livro, 1973, v. 2.
CANDIDO, Antonio. *Os parceiros do Rio Bonito*. São Paulo: Duas Cidades, 1975.
CANO, Wilson. *Raízes da concentração industrial em São Paulo*. São Paulo: T. A. Queiroz, 1983.
CARDIM, Fernão. *Tratados da terra e da gente do Brasil*. São Paulo: Companhia Editora Nacional, 1939.
CARLI, Gileno de. *O processo histórico da usina em Pernambuco*. Rio de Janeiro: Irmãos Pongetti, 1942.
CARONE, Edgar. *A república velha*: instituições e classes sociais. São Paulo: Difel, 1978.
CASTRO, Antonio de Barros. Agricultura e desenvolvimento no Brasil. *Sete ensaios sobre a economia brasileira*. Rio de Janeiro: Forense Universitária, 1969, v 1.
_____. A industrialização descentralizada. *Sete ensaios sobre a economia brasileira*. Rio de Janeiro: Forense Universitária, 1971, v. 2.
CHACON, Vamireh. *História das ideias socialistas no Brasil*. Rio de Janeiro: Civilização Brasileira, 1965.
CHESNAIS, François (Org). *A mundialização financeira*: gênese, custos e riscos. São Paulo: Xamã, 1998.
COUTINHO, Carlos Nelson. A imagem do Brasil de Caio Prado Júnior. *Cultura e sociedade no Brasil*: ensaios sobre ideias e formas. Belo Horizonte: Oficina de Livros, 1990.
COUTO, Jorge. *A construção do Brasil*: ameríndios, portugueses e africanos, do início do povoamento a finais de quinhentos. Rio de Janeiro: Forense Universitária, 2011.
DECCA, Edgar Salvadori de. *O nascimento das fábricas*. São Paulo: Brasiliense, 1982 (Coleção Tudo é História, n. 51.)
DEFFONTAINES, Pierre. Como se constituiu no Brasil a rede de cidades. *Boletim Geográfico*, ano 2, n. 14 e 15. Rio de Janeiro: IBGE, 1944.
DELGADO, Guilherme da Costa. *Capital financeiro e agricultura no Brasil*: 1965-1985. São Paulo/Campinas: Ed. Unicamp/Ícone, 1985.
DIAS, Maria Odila Leite da Silva. Impasses do inorgânico. In: D'INCAO, Maria Angela. *História e ideal*: ensaios sobre Caio Prado Jr. São Paulo: Brasiliense/Unesp/Secretaria de Estado da Cultura, 1989.
DIEGUES JR, Manuel. *Regiões culturais do Brasil*. Rio de Janeiro: CBPE/Inpe/MEC, 1960.
DOLHNIKOFF, Miriam. *O pacto imperial*: origens do federalismo no Brasil. Rio de Janeiro: Globo, 2005.
DÒRIA, Carlos Alberto; BASTOS, Marcelo Corrêa. *A culinária caipira da paulistânia*: a história e as receitas de um modo antigo de comer. São Paulo: Fósforo, 2021.
DREYFUS, Dominique. *Vida do viajante*: a saga de Luiz Gonzaga. São Paulo: Editora 34, 1996.
EISENBERG, Peter L. *Modernização sem mudança*: a indústria açucareira em Pernambuco – 1840-1910. São Paulo/Campinas: Paz e Terra/Unicamp, 1977.
FAUSTO, Boris. *Trabalho urbano e conflito social*: 1890-1920. São Paulo: Difel, 1977.
FOWERAKER, Joe. *A luta pela terra*: a economia política da fronteira pioneira no Brasil de 1930 aos dias atuais. Rio de Janeiro: Zahar, 1982.
FREYRE, Gilberto. *Casa-grande & senzala*: formação da família brasileira sob o regime da economia patriarcal. Introdução à história da sociedade patriarcal brasileira. Rio Janeiro: Livraria José Olímpio, 1973, v. 1.
_____. *Nordeste*: aspectos da influência da cana sobre a vida e a paisagem do nordeste do Brasil. 5. ed. Rio de Janeiro/Recife: José Olímpio/Fundarpe, 1985.
FURTADO, Celso. *Formação Econômica do Brasil*. 11. ed. São Paulo: Companhia Editora Nacional, 1971.
GEIGER, Pedro Pinchas. *Evolução da rede urbana brasileira*. Rio de Janeiro: CBPE/Inpe/MEC, 1963.
GOMES, Mércio Pereira. *Os índios e o Brasil*. Rio de Janeiro: Vozes, 1988.
GORENDER, Jacob. *O escravismo colonial*. São Paulo: Ática, 1978.
GOULART, Maurício. O problema da mão de obra: o escravo africano. In: HOLANDA, Sérgio Buarque de. *História geral da civilização brasileira*: a época colonial. São Paulo: Difusão Europeia do Livro, 1973, v. 2.
GUIMARÃES, Alberto Passos. *A crise agrária*. Rio de Janeiro: Paz e Terra, 1979.
HAHNER, June E. *Pobreza e política*: os pobres urbanos no Brasil – 1870-1920. Brasília: Ed. EDUNB, 1993.
HARVEY, David. *O novo imperialismo*. São Paulo: Loyola, 2004.
HOLANDA, Sérgio Buarque de; CAMPOS, Pedro Moacir. O Brasil monárquico. Dispersão e unidade. In: HOLANDA, Sérgio Buarque; CAMPOS, Pedro Moacir (Orgs.). *História da civilização brasileira*. São Paulo: Difusão Europeia do Livro, 1972, t. 2, v. 4.
IANNI, Octavio. *Industrialização e desenvolvimento no Brasil*. Rio de Janeiro: Civilização Brasileira, 1963.
_____. *Estado e planejamento econômico no Brasil (1930-1970)*. Rio de Janeiro: Civilização Brasileira, 1977.
LACOSTE, Yves. *A geografia – isso serve, em primeiro lugar, para fazer a guerra*. São Paulo: Papirus, 1988.
LEFEBVRE, Henri. *O direito à cidade*. São Paulo: Documentos, 1969.

BIBLIOGRAFIA

_____. *A revolução urbana*. Belo Horizonte: Editora UFMG, 1999.
LOBATO, Monteiro. *Prefácios e entrevistas*. São Paulo: Brasiliense, 1956.
_____. *Contos completos* (Urupês, Cidades Mortas, Negrinha e O macaco que se fez homem). São Paulo: Biblioteca Azul, 2014.
LUZ, Nícia Vilela. *A luta pela industrialização do Brasil*. São Paulo: Alfa-Ômega, 1975.
MACHADO, Humberto F. *Escravos, senhores & café*. Niterói: Cromos, 1993.
MALDONADO, Gabriela; ALMEIDA, Marina Castro; PICCIANI, Ana Laura. Divisão territorial do trabalho e agronegócio: o papel das metrópoles nacionais e a constituição de cidades do agronegócio. In: BERNARDES, Julia Adão et al. *Globalização do agronegócio e land grabbing*: a atuação das megaempresas argentinas no Brasil. Rio de Janeiro: Lamparina, 2017.
MARTINS, José de Souza. Frente pioneira: contribuição para uma caracterização sociológica. In: MARTINS, José de Souza. *Capitalismo e tradicionalismo*. São Paulo: Pioneira, 1975.
_____. *O cativeiro da terra*. São Paulo: Livraria e Editora Ciências Humanas, 1981.
MAZZALI, Leonel. *O processo recente de reorganização agroindustrial*: do complexo à reorganização em "rede". São Paulo: Editora Unesp, 2000.
MAZZEO, Antônio Carlos. *Estado e burguesia no Brasil*: origens da autocracia burguesa. São Paulo: Boitempo, 2015.
MELO, Clóvis. *Os ciclos econômicos do Brasil*. Rio de Janeiro: Laemmert, 1969.
MELLO, João Manuel Cardoso de. *O capitalismo tardio*. São Paulo: Brasiliense, 1982.
MELLO, José Barboza. *História das lutas do povo brasileiro*. Rio de Janeiro, s/d.
MENEZES, Djacir. *O outro nordeste*. Rio de Janeiro: Artenova, 1970.
MILLIET, Sérgio. *Roteiro do café e outros ensaios*. São Paulo: Hucitec, 1982.
MONBEIG, Pierre. *Pioneiros e fazendeiros de São Paulo*. São Paulo: Hucitec/Polis, 1984.
_____. *O Brasil*. São Paulo: Difel, 1985.
MONTEIRO, John Manuel, *Negro da terra*: índios e bandeirantes na origem de São Paulo. São Paulo: Companhia das Letras, 1995.
MOREIRA, Ruy. *O que é geografia*. 2. ed. São Paulo: Brasiliense, 2009 [1980].
_____. *Sociedade e espaço geográfico no Brasil*: constituição e problemas de relação. São Paulo: Contexto, 2011.
_____. *O movimento operário e a questão cidade-campo no Brasil*: classes urbanas e rurais na formação da geografia operária brasileira. Rio de Janeiro: Consequência, 2013 [1985]. [Edição reescrita e revista de *O movimento operário e a questão cidade-campo no Brasil*: estudo sobre sociedade e espaço. Rio de Janeiro: Vozes, 1985.]
_____. *O mal-estar espacial em fim do século XX*. *Pensar e ser em geografia*: ensaios de história, epistemologia e ontologia do espaço geográfico. São Paulo: Contexto, 2015.
_____. *Mudar para manter exatamente igual*: os ciclos espaciais de acumulação. O espaço total. A formação do espaço agrário. Rio de Janeiro: Consequência, 2018.
_____. *O protoespaço brasileiro*. *A formação espacial brasileira*: contribuição aos fundamentos espaciais da geografia brasileira. Rio de Janeiro: Consequência, 2020a.
_____. Classe média e mudança no Brasil. *A formação espacial brasileira*: contribuição aos fundamentos espaciais da geografia brasileira. Rio de Janeiro: Consequência, 2020b.
_____. Setor agrícola e acumulação urbano-industrial no Brasil. *A formação espacial brasileira*: contribuição aos fundamentos espaciais da geografia brasileira. Rio de Janeiro: Consequência, 2020c.
_____. *A formação espacial brasileira*: contribuição aos fundamentos espaciais da geografia brasileira. Rio de Janeiro: Consequência, 2020d.
_____. A nova divisão territorial do trabalho e as tendências de configuração do espaço brasileiro. *A formação espacial brasileira*: contribuição aos fundamentos espaciais da geografia brasileira. Rio de Janeiro: Consequência, 2020e.
_____. A peculiaridade e as características das lutas sociais de nosso tempo. In: SANTOS, Edinusia Moreira Carneiro; NETO, Agripino Souza Coelho; SILVA, Onildo Araújo da. *(Re)pensando as políticas públicas*: o Estado na interface entre participação e movimentos sociais. Rio de Janeiro: Consequência, 2022.
_____. A geografia e o desafio teórico-técnico de nosso tempo. In: SILVA, Charlei da; LEITE, Emerson Figueiredo. *Cartografias & geotecnologias*: conceitos e aplicações. Porto Alegre: Totalbooks, 2023.
MOTA, Carlos Guilherme. *Ideia de revolução no Brasil (1789-1801)*. São Paulo: Cortez. 1989.
MÜLLER, Geraldo. *Complexo agroindustrial e modernização agrária*. São Paulo: Hucitec, 1989.
MÜLLER, Nice Lecocq. *Sítio e sitiantes no estado de São Paulo*. São Paulo: FFCL/USP, 1951.
NEPOMUCENO, Rosa. *Música caipira*: da roça ao rodeio. São Paulo: Editora 34, 1999.
NUNES, Manuel Pereira. *Moronguetá*: um Decameron indígena. Rio de Janeiro: Civilização Brasileira, 1967, v. 1 e 2.

OLIVEIRA, Ariovaldo Umbelino de. *Amazônia*: monopólio, expropriação e conflitos. São Paulo: Papirus Editora, 1987.

_____. *Integrar para não entregar*: políticas públicas e Amazônia. São Paulo: Papirus, 1988.

_____. *A agricultura camponesa no Brasil*. São Paulo: Contexto, 1991.

OLIVEIRA, Francisco de. A emergência do modo de produção de mercadorias: uma interpretação teórica da economia da República Velha no Brasil (1889-1930). *A economia da dependência imperfeita*. Rio de Janeiro: Graal, 1977a.

_____. Mudança na divisão inter-regional do trabalho no Brasil. *A economia da dependência imperfeita*. Rio de Janeiro: Graal, 1977b.

_____. *Elegia para uma re(li)gião*: Sudene, Nordeste, planejamento e conflitos de classes. Rio de Janeiro: Paz e Terra, 1981.

_____. *A economia brasileira*: crítica à razão dualista. Rio de Janeiro: Vozes, 1988.

_____. O ornitorrinco. *Crítica à razão dualista*: o ornitorrinco. São Paulo: Boitempo, 2003.

_____; OLIVEIRA, Franklin de. *Morte da memória nacional*. Rio de Janeiro: Civilização Brasileira, 1967.

ORTIZ, Renato. *A moderna tradição brasileira*: cultura brasileira e indústria cultural. São Paulo: Brasiliense, 1988.

PETRONE, Maria Thereza Schorer. *A lavoura canavieira em São Paulo*: expansão e declínio (1765-1851). São Paulo: Difusão Europeia do Livro, 1968.

PENHA, Eli Alves. *A criação do IBGE no contexto da centralização política do Estado Novo*. Rio de Janeiro: IBGE/CDDI, 1993.

PORTO-GONÇALVES, Carlos Walter. *Os cerrados vistos por seus povos*: o agroextrativismo no cerrado. Goiânia: CEDAC, 2008.

_____ (Org). *Amazônia*: encruzilhada civilizatória, tensões territoriais em curso. Rio de Janeiro: Consequência, 2017.

POSEY, Darrel A. Manejo de floresta secundária, capoeiras, campos e cerrados (Kayapó). In: RIBEIRO, Berta G. *Suma etonológica brasileira*. Petrópolis: Vozes, 1986, V. 1.

PRADO JR. Caio. *Formação do Brasil contemporâneo*: Colônia. São Paulo: Brasiliense, 1961.

_____. *A revolução brasileira*. São Paulo: Brasiliense, 1965.

_____. *História econômica do Brasil*. São Paulo: Brasiliense, 1979.

QUEIROZ, Maria Isaura Pereira. *Bairros rurais paulistas*: dinâmica das relações bairro rural-cidade. São Paulo: Duas Cidades, 1973.

QUINTAS, Amaro. *O sentido social da revolução praieira*: ensaio de interpretação. Rio de Janeiro: Civilização Brasileira, 1967.

_____. O Nordeste: 1825-1850 – A Revolução Praieira. In: HOLANDA, Sérgio Buarque; CAMPOS, Pedro Moacir (Orgs.). *História da civilização Brasileira*. São Paulo: Difusão Europeia do Livro, 1972, t. 2, v. 4.

RAMOS, Pedro. *Agroindústria canavieira e propriedade fundiária no Brasil*. São Paulo: Hucitec, 1999.

REIS FILHO, Nestor Goulart. *Evolução urbana do Brasil*: 1500-1720. São Paulo: Livraria Pioneira/Edusp, 1968.

RIBEIRO, Berta. *O índio na cultura brasileira*. Rio de Janeiro: Unibrade/Unesco, 1987.

RUY, Afonso. *A primeira revolução social brasileira (1798)*. Rio de Janeiro: Laemmert, 1970.

SANTOS, Milton. *A urbanização brasileira*. São Paulo: Hucitec, 1993.

SANTOS, Roberto. *História econômica da Amazônia (1800-1920)*. São Paulo: T. A. Queiroz, 1980.

SILVA, Carlos Alberto Franco da. *A modernização distópica do território brasileiro*. Rio de Janeiro: Consequência, 2019.

_____; MONTEIRO, Jorge Luiz Gomes. *A geografia regional do Brasil*. Rio de Janeiro: Consequência, 2020.

SILVA, Sérgio. *Expansão cafeeira e origens da indústria no Brasil*. São Paulo: Alfa-Ômega, 1976.

SINGER, Paul. Prefácio. In: SPINDEL, Cheywa R. *Homens e máquinas na transição de uma economia cafeeira*: formação e uso da força de trabalho no Estado de São Paulo. São Paulo: Paz e Terra, 1979.

SODRÉ, Nelson Werneck. *Formação histórica do Brasil*. São Paulo: Brasiliense, 1963.

_____. *A revolução burguesa no Brasil*. Rio de Janeiro: Companhia Editora Nacional, 1967.

_____. *Capitalismo e revolução burguesa no Brasil*. Belo Horizonte: Oficina de Livros, 1990.

SORJ, Bernardo. *Estado e classes sociais na agricultura brasileira*. Rio de Janeiro: Zahar, 1980.

SPINDEL, Cheywa R. *Homens e máquinas na transição de uma economia cafeeira*: formação e uso da força do trabalho no estado de São Paulo. São Paulo: Paz e Terra, 1979.

SOBRINHO, Alves Motta. *A civilização do café*. São Paulo: Brasiliense, 1978.

SOUZA, Itamar de. *Migrações internas no Brasil*. Rio de Janeiro: Vozes, 1980.

SOUZA, Márcio. *História da Amazônia*: do período pré-colombiano aos desafios do século XXI. Rio de Janeiro: Record, 2019.

STEIN, Stanley. *Origem e evolução da indústria têxtil no Brasil*: 1850-1950. Rio de Janeiro: Campus, 1979.

BIBLIOGRAFIA

TAVARES, Maria da Conceição. *Acumulação de capital e industrialização no Brasil*. Rio de Janeiro, 1974. Tese (Concurso de Professor Titular) – Universidade Federal do Rio de Janeiro, 1974 (mimeografada).

_____. *Da substituição de importações ao capitalismo financeiro*. Rio de Janeiro: Zahar, 1977.

_____. *Ciclo e crise*: o movimento recente da industrialização brasileira. Rio de Janeiro, 1978. Tese (Concurso de Professor Titular) – Universidade Federal do Rio de Janeiro, 1978. (mimeografada).

TEIXEIRA, Francisco M. P. *História concisa do Brasil*. São Paulo: Global, 1993.

THOMAZ JÚNIOR, Antônio. *Por trás dos canaviais, os "nós" da cana*: a relação capital x trabalho e o movimento sindical dos trabalhadores na agroindústria canavieira paulista. São Paulo: Annablume, 1996.

VALVERDE, Orlando. *Planalto meridional do Brasil*: guia de excursão n. 9. Rio de Janeiro: IBGE/UGI, 1957.

_____. *Estudos de geografia agrária brasileira*. Rio de Janeiro: Vozes, 1984a.

_____. Geografia da pecuária no Brasil. In: VALVERDE, Orlando. *Estudos de geografia agrária brasileira*. Rio de Janeiro: Vozes, 1984b.

VIADANA, Adler. Guilherme. *A teoria dos refúgios florestais aplicada ao estado de São Paulo*. Rio Claro: Edição do Autor, 2002.

VIANNA, Hélio. *História do Brasil*. São Paulo: Melhoramentos, 1977.

VILLA, Marco Antonio. *A história das constituições brasileiras*. São Paulo: Leya, 2011.

WAIBEL, Leo. *Capítulos de geografia tropical e do Brasil*. Rio de Janeiro: IBGE, 1958a.

_____. Uma viagem de reconhecimento ao sul de Goiás. *Capítulos de geografia tropical e do Brasil*. Rio de Janeiro: IBGE, 1958b.

WOOD, Éllen Meiksins. *O império do capital*. São Paulo: Boitempo, 2014.

ANEXO

O biopoder, a grande indústria e o rentismo.
Ou quando o problema é a teoria

Causa estranheza às nossas teorias a presença, aparentemente inexplicável, do biopoder na vida nacional brasileira. O que parecia um elo estruturante do passado, forma de sociedade do tempo de domínio da grande propriedade colonial sobre um país ainda não tinha passado pelo crivo da urbano-industrialização acelerada – próprio de um país ainda agrário –, mostra-se um elemento-chave do presente, afrontando a indagação crítica do seu significado.

Pois como explicar que numa sociedade 86% urbano-industrial, revelada como entre a oitava e décima potência econômica do mundo – é o que diz o seu PIB –, 43% da Câmara Federal e 35% do Senado estejam sob o domínio da bancada ruralista? Domínio hoje presente também no próprio Executivo federal através de um Ministério da Agricultura que só rivaliza com um Super Ministério da Economia formado não mais que pela fusão do Ministério da Produção/Indústria, Ministério do Trabalho e Ministério da Fazenda, em tudo que estes tinham então de emblemático num país recém-passado por uma revolução industrial.

OS TERMOS DA QUESTÃO

Resumindo a relação entre a agricultura e a indústria em seu clássico *A crise agrária*, de 1978, Alberto Passos Guimarães lista as seguintes características, todas favoráveis à indústria e desfavoráveis à agricultura, no fim da linha ao capital financeiro, da história das revoluções burguesas. A tendência histórica da agricultura é a sua industrialização, alterando profundamente sua organização, sua estrutura interna e sua relação com as demais atividades. É o caminho para a agricultura liberar excedentes para o fomento da constituição da grande indústria, a indústria de transformação e, nesse passo, modernizar-se. Nesse caminho, a agricultura perde sua primazia e autonomia e se torna uma retaguarda de apoio à performance da indústria, resolvendo os problemas de capitais, rentabilidade-produtividade e custo de reprodução da força de trabalho industrial. Tal sujeição da agricultura é acompanhada da perda de influência do campo para a cidade, dos fazendeiros para os industriais e banqueiros, sobre a vida política e o Estado (Guimarães, 1982).

Ligadas historicamente numa mesma estrutura e depois separadas pela divisão territorial campo-cidade do trabalho, agricultura e indústria voltam a se reencontrar numa mesma estrutura de atividade dentro da agroindústria. Isso sem que se reverta o quadro de relação agricultura-indústria no trajeto da história, tendo a agricultura ainda mais se industrializado e a indústria mais reforçado a sua hegemonia, mesmo com as instalações industriais migrando e se transferindo da cidade para o campo e a diferenciação cidade e campo vindo a incluir-se num formato novo de divisão territorial do trabalho.

Essa trajetória, típica do desenvolvimento capitalista da Europa, é o modelo histórico que serve de base e referência à teoria que se aplica entre nós, quando nas décadas de 1970 a 1990 o processo se dá no Brasil. Mas aqui sem que o modelo se repita propriamente. E interfira na tradição estrutural da agroindústria na trajetória econômica e política do país. Antes, trazendo-lhe renovação e reforço.

A TRADIÇÃO DA AGROINDÚSTRIA

Pode-se dizer que o Brasil nasce, evolui e se constrói como um país de agroindústria. Em cada fase da evolução brasileira, a economia se regionaliza ao redor de um produto agrícola-chave, o espaço e os segmentos setoriais da economia se articulando para garantir o sucesso da reprodução do produto-polo. Foi assim no período colonial, com a produção açucareira, na Monarquia e primeiras eras republicanas, com a produção cafeeira, e hoje com as cadeias de processamento agroindustrial da soja. Em cada um desses momentos a indústria de transformação e a finança estão presentes e se encontram no esquema da agroindústria de modos diferentes (Moreira, 2018).

A área que hoje forma a região Nordeste era o recorte territorial de ascendência da agroindústria açucareira. A atividade da lavoura da cana e do engenho de açúcar implicava uma relação de custo-benefício cuja reprodução ampliada implicava a mobilização de todo um quadro mais amplo de atividades, implicando uma divisão territorial do trabalho que além da cana e do açúcar incluía a policultura alimentícia, a criação de gado e a cultura-comercialização do fumo, atividades com as quais o capital açucareiro repartia o custeio da sua reprodução. A lavoura da cana e o engenho do açúcar localizam-se nas áreas de mata e solo férteis da fachada costeira, o fumo nas áreas de fundo do recôncavo baiano e zona agrestina sergipana e alagoana, a pecuária na vasta área de clima semiárido e de vegetação de caatinga do sertão interiorano e a policultura alimentícia universalmente espalhada em todas essas áreas. A zona da cana e do engenho é o centro de gravidade dessa diversidade de áreas de produção. Áreas a que se agrega ainda a indústria de beneficiamento, uma espécie de etapa pré-transformação manufatureira destinada ao preparo do produto agrícola e pastoril para sua fase posterior de processamento final. É o caso da desidratação para o ressecamento do fumo. A transformação da cana nos pães de açúcar, o açúcar em estado bruto, para posterior exportação e refino nas praças europeias do seu consumo. E ainda a enorme diversidade de tipos de artesanato do chifre e do couro do boi, realizado nas cidades da área pastoril. Na ligação direta com o negócio do açúcar incluem-se, por fim, as instituições de financiamento à produção de origem externa. E os organismos de transporte e comercialização do produto nos mercados de fora. É um todo equivalente a uma divisão territorial da produção e do trabalho com suas redes precárias, mas regulares, de circulação e de trocas, cuja integralidade forma a geografia do açúcar.

O século XIX, após o interregno do ciclo aurífero-diamantífero do século XVIII no planalto mineiro e central, vai redesenhar o domínio de espaço da atividade da agroindústria, ao alargar o âmbito e deslocar o centro de gravidade da divisão territorial do trabalho do atual Nordeste para o atual Sudeste, com o desenvolvimento da agroindústria cafeeira. A atividade cafeeira vai implicar uma relação de custo-benefício que inclui da incorporação de atividades e meios das áreas da geografia do açúcar nordestina a atividades e meios novos por ela mesma criados, a que se acrescentam paulatinamente atividades e meios provenientes das áreas sulinas, que o café herda do ciclo da mineração, a lavoura cafeeira carreando para o seu circuito reprodutivo, em tempos e modos distintos, a diversidade de áreas que se espalham pelo amplo âmbito de espaço Nordeste-Sudeste-Sul do longo da faixa oceânica. Assim, das antigas áreas da geografia do açúcar extraem-se força de trabalho e capitais, das áreas sulinas, ainda em formação, produtos alimentícios, e das suas próprias áreas, espalhadas ao longo do eixo da expansão cafeeira formado pelo vale Paraíba em terras do Rio de Janeiro, Minas Gerais e São Paulo e pelo planalto paulista, bens artesanais e produtos alimentícios. Uma espécie de divisão territorial de trabalho que une, assim, meios (força de trabalho e capitais), setores de produção (lavoura, pecuária e indústria) e sistemas de circulação e trocas, já de ensaio de escala nacional. A presença da indústria é aqui mais rica e diversificada, bem como da finança, do transporte e da comercialização. A indústria de beneficiamento ganha mais amplitude, juntando a indústria de beneficiamento da geografia do açúcar (beneficiamento do fumo, do gado e do açúcar em bruto), do beneficiamento do café (pátios de desidratação e ressecamento do grão para torrefação no mercado externo) e do beneficiamento do gado e produtos agrícolas sulinos (carne, couro, cereais), a que se acrescentam a indústria do beneficiamento da borracha da Amazônia e a indústria do beneficiamento do cacau sul-baiano, incorporadas à reprodução cafeeira quando dos Planos de Valorização do Café. A que se acrescentam na área cafeeira propriamente, as oficinas de reparo, manutenção e fabrico de peças e máquinas que a demanda técnica da cafeicultura dissemina por todas as cidades do café. Bem como a indústria de transformação, de início alimentar e têxtil, criada junto às áreas de agroexportação pela abolição da escravatura, logo desdobrada na grande indústria propriamente dita, vinda do mecanismo de substituição de importações. É a geografia do café, que culmina no espectro de circulação e rede de financiamento que dimensiona e alarga a escala da economia agroindustrial cafeeira para além dos limites formais de agroindústria.

O momento presente, por fim, vai conhecer a fase do complexo das cadeias agroindustriais, cujo centro de gravidade é o planalto central, para onde já em 1961 se transferira a capital federal, carreando a partir dos anos 1970 os fluxos de capitais, força de trabalho e meios de subsistência de todos os cantos para a reprodutibilidade da forma moderna de agroindústria – o Complexo Agroindustrial – aí instalada. É a fase de agroindústria territorialmente mais abrangente, carreando para a reprodutibilidade do produto-polo toda a extensão de espaço engendrada pelas centralidades de antes, numa divisão territorial do trabalho em que do Nordeste vem a força de trabalho, do Sul e do Sudeste, a leva de pequenos e médios agricultores da soja e dos cereais (trigo, milho, arroz) e criadores de aves e suínos, que migram com seus pequenos capitais vindos da venda de suas terras para a compra de terras abertas pela técnica de correção dos solos – até então dispensados pelo alto nível de acidez – no amplo horizonte do Centro-Norte, a fronteira agrícola, para onde afluem em grandes plantios e formação de médias e grandes propriedades numa renovação da agroindústria e da burguesia agrária. Aí, encontram, já instaladas as usinas hidrelétricas de grande porte, a indústria de máquinas e insumos agrícolas, o sistema de comunicação e transportes e o concurso das instituições bancárias e do rentismo, que para aí também acorrem, arrumando campo e cidade nacionalmente ao redor da produção e do consumo em grande escala.

A ERA DA GRANDE INDÚSTRIA

A moderna indústria nasce no Brasil umbilicalmente colada a esse universo da agroindústria, agindo como uma componente que dele sai e a ele volta mais tarde em sua trajetória. Se no correr da arrancada dos anos 1950-1960 ganha a cidade e aí se desenvolve com foro de autonomia e vida própria, sua origem, no entanto, é essa, e logo a aparência autônoma se desvanece, sua performance indicando antes um desenvolvimento que lhe dá forma própria, mas não a descola do berço originário, num fio de história que segue três distintos momentos: o nascimento junto à agroexportação no campo, o desenvolvimento autônomo e deslocado da cidade e o retorno e realocação no campo. O fio da trajetória é o papel que a indústria joga na instalação do trabalho do agroindustrial da pós-abolição, que Francisco de Oliveira resume no que chama "a expulsão para fora" dos custos da reprodução do trabalho escravo (Oliveira, 1977).

A escravatura é abolida sem acompanhamento de uma reforma fundiária rural e urbana, o que deixa a imensa massa de ex-escravos na continuidade da dependência da velha classe senhorial. Sem alternativa de renda e acesso próprio ao consumo de bens não agrícolas necessários à sua reprodução como seres vivos, antes fornecidos pelo senhor, vê-se agora sob a tutela deste. Este usa do estratagema de manter os ex-escravos nas dependências da grande propriedade, autorizados a residir, plantar e criar em pequenos tratos de terra do domínio fundiário da grande fazenda em troca eventual de trabalho e serviços demandados pela produção dominante, como a cultura de algodão no sertão e a cultura e moagem de cana na zona da mata, na situação de condiceiro, o morador de condição, em toda a antiga área de gado e cana do Nordeste. A demanda de bens não agrícolas, que assim surge, é a origem das indústrias fabris têxteis e alimentícias que se disseminam pelas áreas de agroexportação, impulsionadas pelo uso de capitais e matérias-primas vindos dessa origem, e pela demanda de consumo da massa de quase-assalariados que por ela responde com seu trabalho. São indústrias de arranjo espacial fábrica-vila, que se difundem pelas pequenas cidades interioranas e capitais dos estados, antes de migrarem e se concentrarem nas grandes, à medida que a urbano-industrialização se expande com seu próprio impulso (Moreira, 2013).

A interrupção das exportações e importações promovida pelas duas grandes guerras e entre elas a crise de 1929-1930 dá o empurrão inesperado da substituição de importações que abre o mercado das classes sociais até então supridas pelos bens importados para a produção nacional, trazendo a fábrica para as maiores cidades, levando a urbano-industrialização para frente e dando começo ao desenvolvimento da grande indústria na escala do país. Essa é a origem da estrutura geográfica que explode em marcha acelerada de mudanças nos anos 1950-1960, centrando, revolucionando e dinamizando a economia nacional na grande indústria como um todo.

O marco de passagem é o surgimento da indústria de bens de capitais e da indústria de bens de consumo duráveis. Momento antecedido de uma fase preliminar de instalação da indústria de bens de consumo não duráveis e da indústria de bens intermediários, a primeira pavimentando o quadro urbano e a segunda, o quadro de semimanufaturados, e sucedido da fase de advento da indústria de bens de consumo duráveis e da indústria de bens de capitais. Tomada a década de 1950-1960 como ponto de referência.

A indústria de bens de consumo não duráveis, nascida no âmago da agroexportação, é a base do arranco da substituição de importações. Amplamente disseminada pelas cidades e áreas rurais por suas origens e características, a indústria de bens de consumo não duráveis tem por isso uma distribuição múltipla, dispersa e desconcentrada, embora já se mostre quantitativamente mais concentrada nas grandes cidades do Sudeste, como Rio de Janeiro e São Paulo. Com sua migração e assentamento definitivo das cidades pequenas e de origem rural para as maiores cidades, embora ainda espalhada pelas capitais, inicia uma descolagem da relação indústria-agricultura, com que historicamente nascera, dando a impressão de repetir-se no Brasil a trajetória da evolução urbano-industrial dos países clássicos, nos quais a burguesia industrial, que se mostra uma classe empreendedora, e um operariado atuante levam, juntos, ao surgimento de uma vida urbana ativa e a uma intelectualidade crítica, de que resulta uma contextualidade nacional antifeudal e uma vida política e de Estado em tudo emancipadores. A cidade é o lugar geográfico da ruptura – a revolução burguesa – e o campo, o do reacionarismo e o atraso. Algo que parece repetir-se no Brasil. O quadro do surgimento e anteposição de instituições e valores com sua ideologia emancipacionista, de que a Revolução de 1930 – o marco da revolução burguesa no Brasil – é o símbolo lembrado. Esse é o quadro que se estende até os anos 1950, quando a grande indústria se diversifica, tem seu arranco e se consolida, mudando a face do país.

Dá-se uma forte mudança na estrutura setorial, que se reflete na estrutura territorial. A estrutura setorial antes centrada no setor de bens de consumo não duráveis, à base da importação do maquinário, dá lugar a uma estrutura centrada no setor de bens de consumo duráveis, articulado a uma cadeia de interação com o setor de bens intermediários e bens de capitais que autonomiza o parque industrial nacional quanto ao suprimento de equipamentos, entrosando todo ele num sistema de indústria autossustentável, dependente da importação basicamente de tecnologia e de capitais. O parque industrial se pluraliza por todos os setores da indústria moderna. O sistema se estratifica ao redor do predomínio da indústria de médio e grande porte. E o todo territorialmente se concentra quantitativa e qualitativamente no âmbito do triângulo São Paulo-Rio de Janeiro-Belo Horizonte, onde, nos anos 1990, vêm a se concentrar 80% das indústrias.

O efeito na diferenciação regional da economia é imediato. Ao mesmo tempo que o Sudeste se torna industrial, as demais regiões se desindustrializam. Suas economias se tornam mais centralmente agrárias e seus mercados são invadidos e dominados pelos produtos provenientes do Sudeste. A concentração territorial vem acompanhada da concentração igualmente da força de trabalho e dos capitais, além do consumo nacional de produtos industriais e agropecuários.

Em tudo, então, a grande indústria se torna o polo do ordenamento econômico-territorial do país, indicando a substituição pela indústria de transformação do lugar antes ocupado pela agroindústria na organização e ordenamento da divisão territorial do trabalho, do circuito da reprodução e da integralidade do espaço nacional, num papel de estruturante geográfico antes ocupado na Colônia pelo capital açucareiro e na Monarquia e primeiros períodos da República pelo capital cafeeiro, tempos da polaridade da agroindústria. Todo o espaço nacional se encaixa na divisão territorial do trabalho que tem no triângulo industrial São Paulo-Rio-Belo Horizonte o centro de convergência dos excedentes vindos do campo e regiões de periferia: do Nordeste vem a força de trabalho, migrada em ondas sucessivas para o trabalho nas fábricas e serviços das cidades sudestinas; do Sul, a massa dos suprimentos alimentícios necessária ao rebaixamento do preço da reprodução da força do trabalho industrial; do Centro-Norte, a reserva de espaço para alocação de novas áreas de ocupação. A que no retorno o Sudeste responde com os bens manufaturados de suas indústrias. Uma relação centro-periferia que reproduz internamente a relação de países industrializados e países agrários que organiza a divisão internacional do trabalho e das trocas em escala de mundo.

O REENCONTRO DAS FACES DA INDÚSTRIA

Separam-se, assim, a agricultura e a indústria. Fruto da separação da face manufatureira e da face agroindustrial histórica da formação da economia brasileira. Separação que, entretanto, não dura muito. A indústria retorna ao campo, indo reencontrar-se com a agricultura. E a indústria manufatureira retorna ao seio da agroindústria, indo reocupar-se com a integralidade da divisão territorial histórica do trabalho. Fenômeno igualmente mundial, mas com a forma e o sabor da especificidade brasileira. Que a teoria vai chamar de reprimarização.

Todavia, o que fora visto como a agrarização econômica das regiões, provocada pela concentração industrial do triângulo São Paulo-Rio-Belo Horizonte, mostra-se no fundo o ensejo da revitalização da agroindústria, Numa forma estrutural de resiliência, na Amazônia reforça-se a dependência da borracha, mesmo que cada vez mais fraca na sua importância frente à tecnologia dos sintéticos; na zona da mata nordestina reitera-se a polaridade da usina de açúcar e no sertão nordestino do duo gado-algodão; no sul da Bahia reativa-se a centralidade do cacau; em Minas e norte do Paraná dá-se a reexpansão do café; e nos campos do sul reafirma-se a preponderância da carne bovina. Caso típico, a indústria açucareira da zona da mata nordestina se requalifica, reagente à sujeição hierárquica da primazia da produção açucareira de São Paulo. E assim se dá a sequência dos organismos próprios – o IBC, o Instituto do Açúcar e do Álcool (IAA) –, com que as economias setorial-regionais de agroindústria respondem à tendência de reagrarização pura e simples da divisão do trabalho manufatureiro.

Não há, pois, verdadeiramente, uma separação agricultura-indústria e manufatura-agroindústria na retroação industrial econômica das regiões, face à concentração vertiginosa da grande indústria no Sudeste.

Antes, nelas há mesmo uma diversificação e aperfeiçoamento das antigas indústrias de beneficiamento. O beneficiamento do açúcar vê surgir nacionalmente a modernização das usinas, desigual, mas ainda assim ampla: as usinas açucareiras de São Paulo, logo transformadas em usinas sucroalcooleiras, deixam para trás as usinas de Pernambuco, outrora o grande polo da produção nacional do açúcar, ao tempo que estas se obrigam a se modernizar, pressionadas, ao tempo que protegidas, pela produção paulista, alicerçadas nas cotas de mercado instituídas pelo Instituto do Açúcar e do Álcool. A carne bovina vê modernizar-se o frigorífico, numa atualização ao mercado igualmente ampla, olhando a disputa da produção paulista, pantaneira e planáltica do cerrado, reafirmando a organização pampeana do sul gaúcho. O café vê surgir a indústria de torrefação interna, beneficiando e exportando o produto totalmente industrializado. E as oficinas de reparo, manutenção e fabrico de máquinas ancilares do auge cafeeiro se transformam nas modernas fábricas de implementos agrícolas, espalhando-se pelas cidades pequenas e médias do interior de São Paulo, a caminho de instalar-se nos centros urbanos do Centro-Oeste em rápida expansão agropecuária moderna.

Toda uma diversificação da produção industrial vai dando lugar, assim, a uma divisão técnica interindustrial do trabalho para além dos grandes setores do sistema autossustentado dos anos 1960-1980. Período que não falta o surgimento de um ramo de indústria para a agricultura, a indústria de implementos e demais insumos agrícolas, originado do apoio financeiro do Estado e da entrada maciça do capital estrangeiro, reaproximando a indústria, por algumas décadas, da aceleração e autonomização industrial manufatureira, do campo e do mundo da agricultura, incorporando, por extensão, nesse movimento, os ramos de bens intermediários e de bens de equipamentos.

É uma resiliência que se torna modernização e concentração dos capitais dessas agroindústrias, tornando-se o inusitado mercado que orienta a grande indústria para o campo e forja sua acoplagem à marcha da amplificação agroindustrial.

A chave do incremento é a política de modernização dos anos 1970-1990, via a intervenção planejada dos PNDs, que se aproveita, no plano externo, do aumento crescente da demanda de *commodities* gerado, de um lado, pela acelerada urbanização em escala planetária da humanidade, de outro, pela entrada cada vez mais vigorosa da China nos mercados dos produtos primários. No plano interno, o emprego maciço dos capitais externos captados pelo Estado para o fim do investimento da modernização da agricultura, olhando para uma balança superavitária das reservas e do comércio externo.

O ponto de partida é o impulsionamento estatal da migração que desde os anos 1960 vem se dando da lavoura e da pecuária do Sul e de São Paulo para as áreas de campos e cerrados do planalto central. Pressionada pela fragmentação da terra por efeito de herança nas antigas áreas coloniais, a massa crescente de camponeses vende sua pequena propriedade e migra para comprar terras mais baratas nas áreas recém-liberadas pela pesquisa agronômica da Embrapa no Mato Grosso e em Goiás, onde instalam suas culturas de soja, trigo e milho e sua criação de aves e porcos, já aí encontrando as áreas de lavoura de café e arroz e de criação de gado trazidas pela migração de paulistas, atraída pelas manchas de mata e terra roxa do sul mato-grossense e sul-goiano. Bem como as fábricas vindas da transformação das antigas oficinas de reparo, manutenção e fabrico de máquinas, em indústrias de maior porte, estimuladas pela injeção de recursos de crédito nas atividades agrícolas, de criação e processamento e no incremento via bancos públicos a juros negativos (juros abaixo do nível do mercado privado). Sob o estímulo do Estado, abrem-se para a colonização as áreas das faixas marginais dos grandes eixos de transporte, que, junto às usinas hidrelétricas de grande porte, vêm se irradiando desde os anos 1960 – década da fundação de Brasília, justamente – pelo centro do país. É o empurrão que faltava.

Estamos diante da política do PND I, o plano da modernização do campo, que se completa na do PND II, o plano da redistribuição territorial da indústria, dois planos que se conjugam numa só política econômica, a política que recria a economia política do espaço do país, leva a indústria de volta para a dispersão territorial, estabelece o reencontro da agricultura e da indústria e reafirma a agroindústria como centro de gravidade do sistema econômico nacional. Cujo efeito é o redesenho da divisão territorial global do trabalho: a indústria de bens intermediários é deslocada para ir localizar-se no arco de cercania da fronteira nacional, a indústria de bens de capitais e a indústria de bens de consumo duráveis são deslocadas para as cidades médias da região formada pela fusão do Sudeste e do Sul, a indústria de bens de consumo não duráveis é deslocada para o Centro-Norte e Nordeste, e a agroindústria é disseminada por todos os estados. Elimina-se a relação centro-periferia entre estados industriais e estados agrários. E a cidade e o campo reordenam-se numa relação em que a cidade se terceiriza e o campo se industrializa, mudando suas funções econômicas e o conteúdo das trocas (Moreira, 2020b).

EM BUSCA CRÍTICA DA TEORIA

A relação biopoder-grande e indústria-rentismo mostra-se a essência desse conteúdo. Tudo indicando uma relação axial de biopoder-rentismo, em que a grande indústria aparece como elemento de caução. É um "modelo" histórico de desenvolvimento que a teoria deixou de lado, inspirada na trajetória dos países do desenvolvimento clássico (Moreira, 2020a). Não há aqui uma obstrução do campo ao desenvolvimento do capitalismo. E não há um antagonismo da agricultura e da indústria. O que acontece é a agricultura e a indústria surgindo e movendo-se consorciadas no âmbito de uma unidade agroindustrial de organização produtiva. Como vimos no exemplo prototípico da agroindústria canavieiro-açucareira e vemos agora com o das cadeias do complexo agroindustrial. Do mesmo modo, não há um embate de interesses entre a economia agroindustrial, de um lado, e a onipresença da finança, de outro, a agroindústria sempre se movendo casada e impregnada da ingerência da finança, sinônimo de capital estrangeiro, tal qual da consorciação com a indústria da manufatura, da Colônia aos dias de hoje. O engenho, por sinal, é a forma de manufatura mais desenvolvida do tempo, o que pede uma teorização própria, de que o capítulo da modernização campo-cidade combinada dos PNDs I e II é o claro exemplo. A participação da finança, hoje representada no rentismo, é, por sinal, o eixo desse combinado. Presença constante, seja na agroindústria, seja na grande indústria, hoje nos serviços, ao sabor da imediatez da conjuntura.

ANEXO

Até o ciclo cafeeiro, a agroindústria era o centro privilegiado da ingerência. O lucro do agroproduto devia ser compartilhado pelo produtor com o investidor externo. O que levava o circuito reprodutivo a ter de inventar uma divisão territorial de trabalho em tudo destinada a compensar as perdas financeiras do produtor, transferidas via troca mercantil para os outros setores de atividade. Foi assim com a geografia do açúcar do período colonial, com a geografia do café do período monárquico e inicial da República e agora com a geografia das cadeias do complexo agroindustrial. É assim que até os anos 1950 o seu campo de interesse é o serviço de energia e carris, o Estado bancando a instalação e a manutenção da infraestrutura, a lucratividade e a livre exportação dos lucros sendo garantidas ao investidor estrangeiro. A partir dos anos 1950, a área de interesse se desloca para o setor de indústria de bens de consumo duráveis, se mantendo assim por todo o correr do período da arrancada da grande indústria, em muitos casos com reinvestimento do recurso liberado pela própria indenização do capital empatado naqueles campos, via encampação dos serviços urbanos pelo Estado, numa manobra que ficou conhecida pela sucessão de conflitos que provoca. Presença que no presente culmina na entrada maciça do capital estrangeiro no ramo da indústria para a agricultura de máquinas e demais insumos agrícolas, criado com apoio do crédito de juros negativos do Estado nos anos dos PNDs. Bem como no financiamento do crédito de consumo na rede dos supermercados, numa extensão campo-cidade da área de abrangência do agronegócio. Rentismo e biopoder se entrelaçando, assim, com o suporte produtivo nos ramos da grande indústria, a indústria de transformação a montante e a indústria de beneficiamento a jusante, numa relação de antes, durante e depois da porteira (Guimarães, 1982; Araujo, Wedekin e Pinazza, s/d).

Chama a atenção em todas essas fases a presença constante do Estado, aqui garantindo o fundamento (a terra, no período colonial), ali o crédito e acolá a infraestrutura. É o Estado que subsidia os meios da sucessiva passagem de ramos de interesse do capital estrangeiro. É o Estado que alimenta com juros baixos a instalação da indústria para a agricultura que incrementa a modernização do PND I. É o Estado que instala com recurso público a infraestrutura de energia, comunicação e transportes. E toma a seu encargo os ramos estratégicos da indústria de bens intermediários – aço, combustíveis, produtos metal-metálicos – e da indústria de bens de capitais, os ramos extremos do sistema de indústrias, deixando a indústria de bens de consumo duráveis e de bens de consumo não duráveis ao domínio do capital privado, subsidiando, com gasto público, a base do lucro privado, denunciada por Celso Furtado e Francisco de Oliveira como o "socialismo dos tolos" (Oliveira, 1988). O Estado-ponto-de-arrimo, pois, de uma história de reiteração do combinado biopoder-indústria de transformação-finança como a viga mestra da evolução da história econômica brasileira.

REPRIMARIZAÇÃO?

A agroindústria, a indústria de transformação e a finança são, assim, três elos que andam juntos na evolução brasileira. Considerada pela teoria o nó revolucionário das três e protagonista da arrancada do desenvolvimento nacional à fase avançada do capitalismo dos anos 1950-1960, a indústria de transformação – a grande indústria – não parece vir para cumprir esse desígnio. Entendida por todas as teorias como o caminho de chegada das formações sociais ao patamar realizado pela revolução capitalista, ponto de ultrapassagem do estado histórico de atraso, representado no Brasil pelo campo e seu aliado externo, o capital financeiro (a grande indústria) antes pareceu ter preferido revolucionar-se para revolucionar o projeto de reafirmação da agroindústria em forma moderna, levando-a ao estado atual das cadeias avançadas de agroprocessamento.

É de se indagar a origem dessa força da permanência da agroindústria, sua capacidade de reinventar-se, a ponto de fazer da própria grande indústria sua logística de reinvenção. Algo certamente enraizado na própria essência da estrutura em que nasce a formação social brasileira, a estrutura do eixo terra-território-Estado com esta que se ordena geograficamente no tempo (Moreira, 2020c). Mas, igualmente, enraizada no fato de que a indústria de beneficiamento e a indústria de transformação, tornadas êmulos da agroindústria, já nascem consorciadas no trajeto da formação histórica da sociedade brasileira.

ANEXO

Antes do balanço analítico dos feitos da revolução da indústria, a revolução capitalista no Brasil – a teoria – aparece hoje disfarçada na crítica de uma reprimarização da economia na qual a condição "re", no fundo, sempre foi o seu presente. E pede o seu próprio balanço crítico.

Referências bibliográficas

ARAUJO, Ney Bittencourt; WEDEKIN, Ivan; PINAZZA, Luiz Antonio. *Complexo agroindustrial:* o "agrobusiness" brasileiro. São Paulo/Rio de Janeiro: Suma Econômica/Agroceres, s/d.

DELGADO. Guilherme da Costa. *Capital financeiro e agricultura no Brasil*: 1965-1985. Campinas: Ed. Unicamp/Ícone, 1985.

GUIMARÃES, Alberto Passos. *A crise agrária*. 2. ed. Rio de Janeiro: Paz e Terra, 1982.

MOREIRA, Ruy. *O movimento operário e a questão cidade-campo no Brasil. Classes urbanas e rurais na formação da geografia operária brasileira.* Rio de Janeiro: Consequência, 2013, 2. versão.

_____. *Mudar para manter exatamente igual*: os ciclos espaciais de acumulação. *O espaço total. Formação do espaço agrário*. Rio de Janeiro: Consequência, 2018.

_____. Setor agrícola e acumulação urbano-industrial no Brasil. In: MOREIRA, Ruy. *A formação espacial brasileira*: contribuição crítica aos fundamentos espaciais da geografia brasileira. 3. ed. Rio de Janeiro: Consequência, 2020a.

_____. A nova divisão territorial do trabalho e as tendências de configuração do espaço brasileiro. In: MOREIRA, Ruy. *A formação espacial brasileira*: contribuição crítica aos fundamentos espaciais da geografia brasileira. 3. ed. Rio de Janeiro: Consequência, 2020b.

_____. O protoespaço brasileiro. In: MOREIRA, Ruy. *A formação espacial brasileira*: contribuição crítica aos fundamentos espaciais da geografia brasileira. 3. ed. Rio de Janeiro: Consequência, 2020c.

OLIVEIRA, Francisco. A emergência do modo de produção de mercadorias: uma interpretação teórica da economia da República Velha no Brasil (1889-1930). *A economia da dependência imperfeita*. Rio de Janeiro: Graal, 1977.

_____. *A economia brasileira*: crítica à razão dualista. Rio de Janeiro: Vozes, 1988.

O AUTOR

Ruy Moreira é professor dos Programas de Pós-Graduação em Geografia da Universidade Federal Fluminense (UFF) e Faculdade de Formação de Professores da Universidade do Estado do Rio de Janeiro (FFP-UERJ). Graduado e mestre em Geografia pela Universidade Federal do Rio de Janeiro (UFRJ), doutor em Geografia Humana pela Universidade de São Paulo (USP) e doutor *honoris causa* pela Universidade do Estado do Ceará (UECE). Dedica-se à pesquisa nos campos da teoria (epistemologia-metodologia-ontologia) da Geografia e da teoria e compreensão global da sociedade brasileira; sua natureza e conflitualidades explicadas a partir das armas da teoria geográfica. É autor de artigos e livros sobre estes dois campos, sobre cujos entendimentos específicos e seus entrelaces publicou pela Contexto *Para onde vai o pensamento geográfico? Por uma epistemologia crítica*, a trilogia *O pensamento geográfico brasileiro* (volume 1 – *as matrizes clássicas originais*; volume 2 – *as matrizes da renovação*; volume 3 – *as matrizes brasileiras*), *Pensar e ser em Geografia*, *Geografia e práxis: a presença do espaço na teoria e na prática geográficas*, *O discurso do avesso: para a crítica da geografia que se ensina*, e *Sociedade e espaço geográfico no Brasil: constituição e problemas de relação*.

GRÁFICA PAYM
Tel. [11] 4392-3344
paym@graficapaym.com.br